高等学校“十三五”规划教材

水务管理信息化概论

邹劲松　王晓琴　何　荧　主编
闵志华　主审

北　京
冶　金　工　业　出　版　社
2022

内 容 提 要

本书共分5章，主要内容包括：水务管理信息化概论，水务物联网，水务大数据及云平台，水务数据资源，智慧水务解决方案。

本书为本科、职业院校相关专业的教材以及培训教材，也可供水务管理及工程技术人员参考。

图书在版编目(CIP)数据

水务管理信息化概论/邹劲松，王晓琴，何荧主编．—北京：冶金工业出版社，2019.12（2022.6重印）
高等学校"十三五"规划教材
ISBN 978-7-5024-8272-5

Ⅰ.①水… Ⅱ.①邹… ②王… ③何… Ⅲ.①水资源管理—信息化—高等职业教育—教材 Ⅳ.①TV213.4-39

中国版本图书馆CIP数据核字(2019)第289695号

水务管理信息化概论

出版发行	冶金工业出版社	**电　话**	(010)64027926
地　址	北京市东城区嵩祝院北巷39号	**邮　编**	100009
网　址	www.mip1953.com	**电子信箱**	service@mip1953.com

责任编辑 俞跃春 杜婷婷 美术编辑 郑小利 版式设计 禹 蕊
责任校对 卿文春 责任印制 李玉山
三河市双峰印刷装订有限公司印刷
2019年12月第1版，2022年6月第3次印刷
710mm×1000mm 1/16；7.75印张；148千字；115页
定价35.00元

投稿电话 (010)64027932 投稿信箱 tougao@cnmip.com.cn
营销中心电话 (010)64044283
冶金工业出版社天猫旗舰店 yjgycbs.tmall.com
（本书如有印装质量问题，本社营销中心负责退换）

前　言

根据有关资料显示：目前我国城市化水平约为30%，城市人口约3.7亿人，预计2030年左右，城市化水平可能达到60%，城市人口将增加到9.6亿人左右。因此，城市和工业节水是今后节水的重点。必须进一步调整产业结构和工业布局，大力开发和推广节水器具和节水的工业生产技术，创建节水型工业和节水型城市，力争将城市人均综合用水量控制在160m^3/年以内。同时，必须加大污染防治力度，使水环境有明显改善。与此同时，水务信息化10多年的发展，大致经历了三个阶段，信息水务到数字水务，再由数字水务到智慧水务的发展历程。但是，好多欠发达地区还处在信息水务阶段，刚刚起步，还很不完善，大部分地区处在数字水务建设阶段，准备向智慧水务的目标前进。

目前水务管理从业人员比较缺少，既懂水务管理专业知识，又能利用现代信息技术对水务管理产生的海量数据进行娴熟地信息化处理人员更少。故水利类高职院校势必承担起培养水务管理信息化的高级应用型人才的重担，这就是本教材编写的时代背景。

本书力求从实际应用出发，增加应用性和操作性强的内容，从而培养学生的实战能力，为进一步掌握较高层次的信息技术打下坚实的基础。

本书采用了“项目驱动，任务分解”的教学方法组织教学内容，其特点可以总结如下：

（1）项目拆分，项目整合。本书在每一项目中，将其项目内容拆分为若干具有鲜明特点的小任务，并从中分解出完成该项目所需要掌握的知识点，对知识点详细讲解，最后再以这个完整的项目收尾，将前面各个小任务整合，最终得到一个具有良好实用性的管理系统。

（2）举一反三，加强实践。除了配合讲解知识点的项目之外，本书还提供了多个信息管理系统，配合计算机仿真实验，让学生能在校期间使用目前水务管理相关企业的软件。

（3）通俗易懂，轻松高效。本书很多内容均以学生先修《工程信息技术》和《SQL SERVER 数据库》为基础，语言贴近学生的学习习惯。

（4）图文并茂，搭配得当。书中对于相关的信息管理系统的操作过程和结果配以表格和图片的展示说明，便于读者比照学习。

本书由重庆水利电力职业技术学院邹劲松、王晓琴和内蒙古建筑职业技术学院何荧担任主编，主审由重庆水利电力职业技术学院闵志华副院长担任，邹劲松编写项目 1、项目 3、项目 4、项目 5，王晓琴和何荧编写项目 2。参与本书编写工作的还有重庆水利电力职业技术学院刘建宇、李静、马焕春、刘嘉夫等。

本书的编写和有关研究，得到了重庆市高等教育学会 2017-2018 年度高等教育科学研究课题：高职供给侧改革视域下水务管理信息化课程体系重构研究与实践（项目编号：CQGJ17046A），重庆市高等职业技术教育研究会“十三五”高等职业教育科学研究规划课题（项目编号：GY171002）和中国职业技术教育教学工作委员会、教材工作委员会 2017-2018 年度教学改革与教材建设课题：智慧水务视域下水务管理人才培养模式改革研究与实践（项目编号：1711065）等的资助。书中的部分内容得到了成都智慧数联信息技术有限公司的大力协助并吸取了其部分工作成果等，在此一并表示感谢。

最后，感谢课程组所有同仁和朋友，特别感谢水利工程学院张守平院长、闵志华副院长和前院长李静对本书编制工作的关心与指导。

由于编者水平所限，书中的不妥之处，恳请各位读者批评指正。

编　者

2019 年 9 月

目　录

项目1　水务管理信息化概论

【项目导读】

随着物联网技术大量应用于现实生活，大数据、云计算像潮水一样席卷了人们生活的每一个角落，正经历着互联网时代向数据时代的过渡，改变着21世纪人们的工作方式和生活方式的方方面面。同样，水务管理已经从传统的手工、半手工方式向信息水务管理模式演变，当下，正由信息水务向数字水务和智慧水务管理理念和管理模式变革。

【知识目标】

（1）掌握信息水务的概念、内容及存在的问题。
（2）掌握数字水务的概念、内容及发展方向。
（3）掌握智慧水务的概念、内容、综合规划及技术框架。

【技能目标】

（1）熟悉智慧水务综合管理系统常用功能模块。
（2）具备初步使用常见智慧水务管理系统的基本功能。

任务1.1　信息水务

【任务说明】

了解信息水务的发展、建设内容及存在的问题。

【预备知识】

1.1.1　信息水务存在的问题

（1）信息孤岛。水务管理在信息化的进程中，人们也碰到一些问题，比如：由各部门、各单位建设的应用系统自建、自用和自成体系的建设模式明显，彼此之间交互性差，资源共建、共享模式没有达成共识，形成了条块分割的分散异构的信息孤岛；各信息系统基本上围绕技术作业人员设计，虽然积累了大量的信息资源，但是缺乏有效整合，无法在更高层次上为社会公众、政府管理和决策者提供及时、有效的信息服务。

（2）基础设施不够完善。信息化水务建设是伴随在我国工业化水平较低的基础上建立的，起步较晚，基础较为薄弱，面临工业化和信息化的双重任务。尽管信息化水务建设取得了很大成就，但是信息化水务基础设施及其信息化应用开发还是明显不足，一些信息化水务建设仅仅依赖国家重大水利工程的建设，系统建设以及维护管理经费得不到保障，信息化水务建设基础薄弱，直接影响了信息化水务发展；信息化水务是一项复杂而又技术含量高的工程，部分地区在信息化水务发展过程中，缺乏统一的规划，甚至出现重复建设和投资的现象。各个地区和部门信息化组织领导职责也不够明确，信息化经费的渠道有限等问题比较突出，没有形成强有力的信息化水务措施和力度。

（3）信息资源开发及共享机制缺失。信息化水务建设的不平衡既体现在地区上发展的不平衡，也体现在信息化水务专业水平发展的不平衡，如水利防汛抗旱信息化建设和发展较快，而其他水利部门信息化专业发展不足。水利信息资源开发利用和共享管理体制不顺畅。由于区域、地理环境的差异，综合分析水利信息资源的应用规模，服务对象存在差异，缺乏统一的标准和信息量级，包括以水文地理信息、气象、国土资源在内的数据信息缺乏统一的信息资源共享平台的建设，即使实现了资源的共享平台，但在具体实现中又面临项目成果归属、资金来源分散、运行管理维护没有形成有效制度等诸多问题，导致信息化水务建设整体作用的发挥受限。

（4）运行创新系统滞后，人才队伍建设亟待加强。信息化水务建设难免出现各自为政管理的现象。一些地区和部门的水利信息和网络资源较为分散，不利于信息化水务的协调发展。一些重点信息化水务项目本身就带有科研的性质，信息化水务建设具有课题研究的特征，容易走上传统的项目攻关、鉴定、报奖的老套路去运作，项目完成评奖之后，其运行维护和升级换代过程中的技术支持与技术服务则无人问津，从而导致建设单位陷入困难境地。按照传统方式运作的“科研项目”，有可能造成大量的重复科研和开发，不利于信息化水务对现实生产力的转化。再加之信息化水务管理和技术人才缺乏，尤其是专业技术型人才不足，直接影响信息化水务的普及程度，不利于信息化水务管理思想的再创造和管理模式的新探索的发展。

1.1.2 信息水务发展历程

从 20 世纪后期至今，随着信息技术的不断发展和治水思路的不断创新，信息化在水务管理中的应用越来越深入和广泛。20 世纪 80 年代及以前，我国的水务信息化主要体现在基础信息的自动化采集上，如雨量、水位等，传输方式依靠微波、超短波等自建网络，布网方式大多是“ 一个中心+若干个测站”。它们代替了艰苦的人工野外信息采集，解放了劳动力。到了 20 世纪 90 年代，自动化技术快速发展，除了防汛等应用外，逐步实现了闸门的自动化监控，水库大坝的安全监测，视频图像监控，水质、流量等信息的测量水平也得到提高，组网方式开始多样化，增加了自敷光缆、卫星、公网专线等多种途径，分析软件的功能也由原来的查询、统计升级到工程安全分析、洪水预测等智能分析的层面，大大地提高了管理水平。

21 世纪初，信息技术更加快速发展，防汛信息化的水平、工程自动化的水平相对提高，供水、排水、节水、旱情、水土流失等方面的信息也分别实现了自动化采集，建立了数据库，具有先进的分析管理系统或决策支持系统的支撑，电子地图在水务中的使用比较普遍，遥感影像也开始应用。网络以光纤为主，纵横上下互连互通，同时实现了异地会商。尤其是各地水务局成立后，建立了水务的数据中心和指挥中心，形成了 1 个中心、若干分中心（或含二级分中心）的格局，信息链路逐步理顺，数据共享开始推进，作为政府部门的公共服务也逐步完善。

在这个发展过程中，信息技术的发展和人们创新水务管理的理念同样重要，水务管理的需求使得水务信息化水平不断提高，而信息化的实现更是推动了水务管理向前发展。

1.1.3 信息水务建设目标、内容

1.1.3.1 信息水务建设目标

水务信息化能够更好地体现先进管理理念（如 BRP（业务流程重组）、“无人值班、少人值班”），更快地实现水务管理成本降低与效率提升，从而适应了水务可持续发展。根据波特竞争理论，以增强竞争力为其建设目标。

1.1.3.2 信息水务建设内容

优化业务流程和合理控制管理成本是水务信息化建设的主要目的。办公自动化系统能很好地将各种业务流程有机整合、优化处理，是水务信息化建设不可或缺的内容；合理控制管理成本是提高水务竞争优势的需要，建立具有水务特色的财务管理信息系统，是目前水务信息化建设必需涉及的内容，具体如下：

（1）面向内部业务。涉及人事、物资、办公等管理，对应可建立人事管理信息系统、库存管理信息系统、办公自动化系统等。

（2）面向外部业务。涉及财务、供水调度等管理，对应可建立财务管理信息系统、供水调度自动化系统等。

（3）面向门户业务。通过建立门户网站实现信息发布、查询、交互等功能，并达到宣传水务形象和开拓社会资源的目的。

【任务实施】

详见预备知识。

任务1.2 数字水务

【任务说明】

了解数字水务的发展时期及主要建设内容、发展趋势。

【预备知识】

1.2.1 数字水务概述

数字水务是真实水务系统的数字化再现，其将综合应用到地理信息系统（GIS）、全球定位系统（GPS）、遥感（RS）、宽带网络、多媒体及虚拟仿真等技术，建立数据、网络、应用三大平台，对河道、水闸、泵站、管网等水务基础设施和水文、水质、水压等水情信息进行自动化监测、实时化调度、网络化办事、系统化管理和规范化服务。

自2000年以来，各省市水务管理部门陆续推出“数字水务”建设，其目的是构筑起以信息资源数字化、信息传输无线网络化、决策智能化、信息技术应用普及化为标志的数字水务基本框架，实现水务系统化管理、自动化监测、实时化调度、科学化决策、网络化办事、规范化服务的阶段性目标。

1.2.2 数字水务建设内容

水务信息化的主要内容以数据平台、网络平台和应用平台3个平台为框架，其中，数据平台是基础，网络平台是载体，应用平台是核心。根据水务局管理机构特点分成决策层、调度层、操作层3个层次，分别面向局行政机关、行业管理部门、行业内企事业单位。水务信息化框架体系如图1-1所示。

1.2.2.1 数据采集系统

数据采集系统是数据平台的基础，必须体现准确性和及时性，主要获取实时信息和定期信息两大类信息。其中水情、雨情、部分设施运行信息属于实时信息，地理信息、空间信息、社会经济信息、服务信息、生产运营信息、其他设施信息、建设信息和执法信息等属于定期信息。

1.2.2.2 行业基础数据库

在采集的实时和定期两类信息的基础上建立基础数据库。已经完成的水资源普查，涵盖了大量的信息，是规范数据和建立基础数据库的基础。行业基础数据库由水利基础数据库、供水基础数据库、排水基础数据库组成。

1.2.2.3 局核心数据库

在行业基础数据库的基础上，通过调用、归并和整合基础数据库的数据，建立面向全局的“安全、资源、环境”三位一体的核心数据库，核心数据库不需

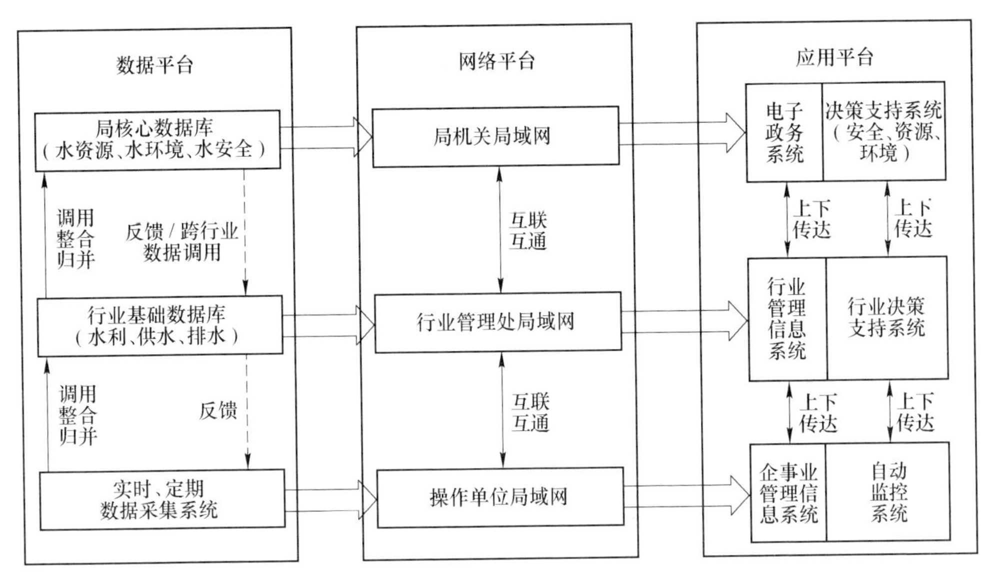

图 1-1 数字水务框架

要建设专门的数据采集、传输系统。局核心数据库由水安全、水资源、水环境三个子数据库组成。其中，防汛综合数据库已经建立。

同时，局核心数据库给跨行业数据交换提供平台，各行业数据库可通过核心数据库调用其他行业的数据信息。

1.2.2.4 网络平台建设

网络平台的建设目标是建立一个四通八达、快速、高效、高容量的网络体系。主要建设内容包括建设局机关局域网，形成水务局网络平台的运转中枢；建设各行业管理部门局域网和各操作单位局域网络体系；在此基础上，建成水务局广域网，同时，建立网络安全体系。

1.2.2.5 应用平台建设

应用平台的建设主要包括电子政务和决策支持两大部分，结合水务管理和服务的特点，电子政务系统分为公众服务系统、政务管理系统；决策支持系统分为防汛保安决策支持系统、水资源配置决策支持系统、水环境治理和保护决策支持系统。

1.2.3 数字水务建设展望

信息化建设的生命力在于应用，而信息化的充分应用必须立足于信息资源的整合和共享。市和区县成立水务局之后，虽然总体上实现了水务“三位一体”，但行业之间、部门之间、条块之间的“围墙”和“篱笆”仍不同程度地客观存在，不利于强化公共服务和行业管理，也不利于携手并进、多边共赢。通过大力整合信息资源，按照“数字水务”的规划，逐步建立互联互通、城乡一体、覆盖水务三大行业的数据平台、网络平台、应用平台，真正做到“将信息采起来，把信息管起来，让信息流起来，使信息用起来”，最终实现一站式服务、一张网调度、一个平台办公，水务数字化的体制优势将会得以成倍放大，工作效率和服务水平将会得到明显提高。

【任务实施】

详见预备知识或查阅相关资料。

任务1.3 智慧水务

【任务说明】

某水务集团下属污水处理厂站数量众多、分布广泛，集团的运营负责人采取的监管方式仅限于电话或者邮件，对下属厂的生产运营状况等信息不能及时掌控，出现问题即便立刻出差，耗时耗力的同时，相关问题也得不到及时解决，导致运营成本居高不下，问题却依然存在。

【预备知识】

1.3.1 智慧水务概述

1.3.1.1 智慧水务概念

宏观来讲，“智慧水务”重点在“智慧”二字，如何能充分体现智慧，将是阐述的重点。本书认为“智慧”中的“智”是技术、“慧”是人，智慧的注重点在于“人机结合、人网结合、以人为主”，做到“集大成、成智慧”。智慧水务管理过程中，依靠人、为了人、服务人。而推动实现“智慧”的两种驱动力则表现为：一是以物联网、云计算、移动互联网为代表的新一代信息技术；二是创新管理模式下逐步孕育的信息化、智能化管理。

微观来讲，智慧水务是通过数采仪、无线网络、水质水压表等在线监测设备实时感知城市供排水系统的运行状态，并采用可视化的方式有机整合水务管理部门与供排水设施，形成“城市水务物联网”，并可将海量水务信息进行及时分析与处理，并做出相应的处理结果辅助决策建议，以更加精细和动态的方式管理水务系统的整个生产、管理和服务流程，从而达到“智慧”的状态。

1.3.1.2 智慧水务建设目标

智慧水务是把最新的信息技术充分运用于城市水务的综合管理，把传感器设备嵌入到自然水和社会水循环系统中，利用大数据和云计算将“水务物联网”整合起来，以多源耦合的二元水循环模拟、水资源调控、水务虚拟现实平台为支撑，实现数字城市水务设施与物理城市水务设施的集成。依托机制创新，整合气象水文、水务环境、市容绿化、建设交通等涉水领域的信息，构建基于大数据中心的应用系统，为水务业务管理、涉水事务跨行业协调管理、电子政务、社会公众服务等各个领域提供智能化的支持，从而能以更加精细、动态、灵活、高效的方式实现城市水务相关工作的规划、设计和管理。

智慧水务建设的总体目标是充分利用“十三五”期间的建设成果，按照“深度融合、全面共享”的指导思想，以物联网、大数据、云计算、移动互联等技术为主导，以“自然-人工”二元水循环理论为指导，以计算机通信网络和各采集控制终端为基础，建成集高新技术应用为一体的智能化水务业务管理体系，实现信息数字化、控制自动化、决策智能化，使得感知内容全覆盖、采集信息全掌握、传输时间全天候、应用贯穿全过程。

1.3.1.3　智慧水务应用架构

通过对感知层、网络层、基础设施层（IaaS）、数据服务层（DaaS）、平台支撑层（PaaS）、软件服务层（SaaS）、交互层的建设，构建城市智慧水务大数据平台框架，形成以服务总线为纽带的平台服务体系。

感知层通过采集水质、流量、水位、雨量、气象、地下水的水利监测设备，自动化控制设备以及视频联动提供多源数据。

网络层负责信息传输，通过有线传输和无线传输两种主要方式，利用光纤、GPRS、3G、4G、卫星、短波等传输技术，实现数据信息安全稳定传输。

IaaS 层通过对计算机基础设施整合利用后提供的服务。通过虚拟化技术重新整合服务器、交换机、路由器、防火墙、机柜、UPS 等基本设施构建数据中心，实现数据中心基础设施的监控管理和资源的分配调度管理，为数据的存储和调用提供强有力的物理环境支撑。

DaaS 层表示为业务应用提供公共数据的访问服务以及提供数据中潜在的有价值信息的服务。

PaaS 层为业务系统提供统一的平台应用支撑服务，为水资源、水环境、防汛抗旱相关领域的业务应用系统提供统一的基础数据访问、数据分析、界面表现等平台公共服务支持。

1.3.2　智慧水务建设内容

智慧水务解决方案遵循总体设计、分步实施、统一标准等顶层设计原则，利用物联网、GIS/GPS/RS、XML、大数据分析等关键技术，建设一个数据中心、两大支撑体系（信息采集体系、网络传输体系）、三个平台（信息服务平台、业务管理平台、应急指挥平台）、五大业务应用（防灾减灾、水资源管理、供排水管理、水生态保护、水工安全管理）及智慧水务保障体系，涵盖信息采集、传输、处理、存储、管理、服务、应用等环节，覆盖取水、用水、供水、排水、水环境、涉水灾害等全过程，并在统一的空间基础上，对水务相关历史、实时数据，进行多源、多尺度的无缝融合，使空间信息与业务信息一体化应用，真正实现智能感知、智能融合，智慧应用。

智慧水务功能上包括智慧水利、智慧水环境、智慧供水、智慧排水 4 个子系统，如图 1-2 所示。

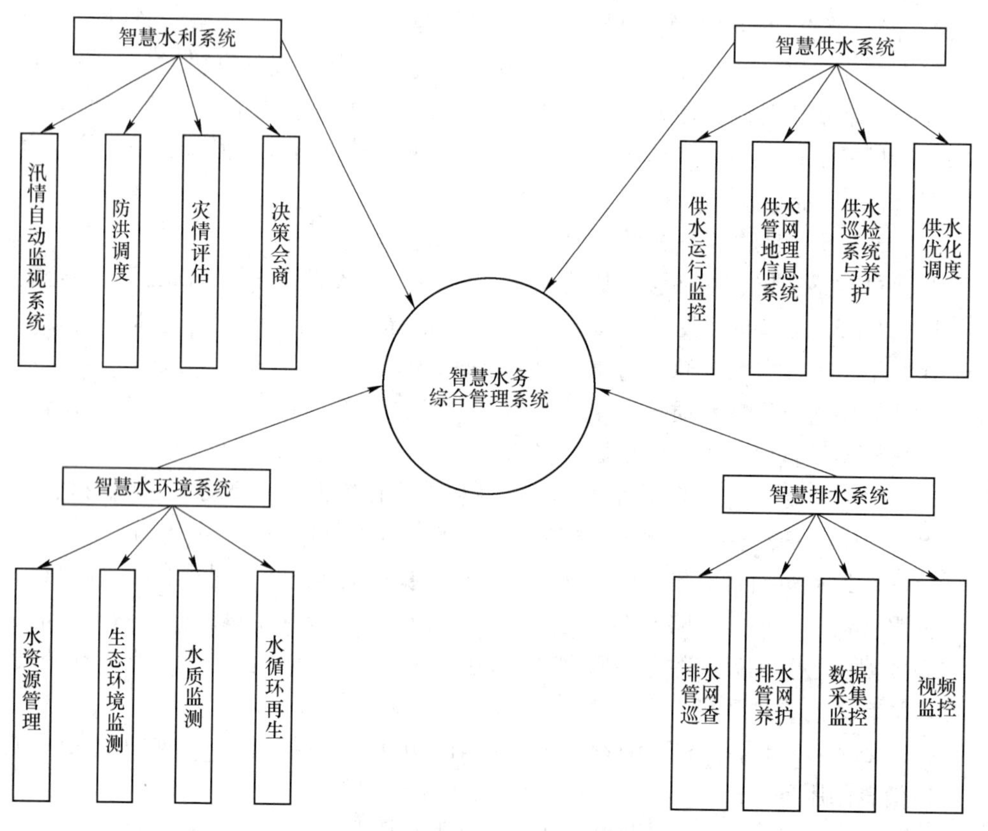

图 1-2　智慧水务功能架构

1.3.3　“互联网+水务”运营管理模式

1.3.3.1　“互联网+水务”理念

水务信息化专家华信数据公司对于当前“风口论”表达了专业意见：一个“+”号位置变化耐人寻味。过去，无论信息化带动工业化还是深度融合，都是“+互联网”概念，即传统产业是主体，互联网只是工具，工具的最大特点是被动。“互联网+”并不单纯表示一种技术工具，更深入理解为运用“互联网”思维提升、改造、颠覆传统行业运营管理模式。

在工业4.0阶段，互联网已经不再是传统意义上的信息网络，它更是一个物质、能量和信息互相交融的物联网；互联网传递的也不仅仅是传统意义上的信息，它还可以包括物质和能量的信息。互联网自身的演进导致了它角色的变化。

某种意义上讲，今后的互联网已不再是一般意义上的工具，它会上升为主体，传统产业则可能变为被+的对象，“互联网+水务”运营管理理念将企业的生产过程、调度监控、事务处理、决策等业务过程进行数字化，通过各种信息系统网络加工生成新的信息资源，提供给各层次的人们洞悉、观察各类动态业务中的一切信息，以做出有利于生产要素组合优化的决策。使企业资源合理配置，实现实时运行监视告警、企业形象展示、生产精细化管理、生产优化调度、经营成本分析、日常办公管理、辅助经营决策等综合管理应用。

提升企业技术管理水平，达到优化管理模式、降低运行成本、提高办公效率等目的，以使企业能适应瞬息万变的市场经济竞争环境，求得最大的经济效益。

1.3.3.2　“互联网+水务”核心技术

“互联网+水务”利用目前蓬勃发展的云计算和物联网、大数据技术，以集团化管理的城市污水处理公司下属的分布在各地的污水处理厂、泵站的生产设备、在线仪表、自控系统作为物联网中的感知层；通过无线网络、互联网及通用数据采集平台建立网络传输及通信，实现感知层数据的实时采集、传输、存储，形成物联网中的网络层；通过部署基于云计算的综合运营管理系统，实现综合运营管理应用，建立应用层的云计算架构体系，从而形成完整的基于云计算的城市污水处理综合运营管理系统。

“互联网+水务”实现水务企业下属的各污水处理厂、泵站的关键生产指标（进出水水量、进出水污染物浓度、集水井水位等）、生产运行数据（设备开关、电流、电压等）的自动采集、远程实时监视、智能预警，加强各级管理人员对各厂运行情况的实时监管力度；通过对生产现场的各类运行数据的分析和数据挖掘，为各污水厂运营管理提供实时运行监测、全厂过程控制、工艺运行模拟、运行异常预警、优化运行决策等功能；为公司提供整体综合运营决策的工艺分析、设备分析、成本分析、风险分析等功能。

1.3.3.3　“互联网+水务”建设目标

（1）提升水务企业运营管控能力。建设具有前瞻性、实用性的集团化运营管控平台，实现对运营数据进行决策分析，为企业管控提供科学依据，实现精细化过程控制管理，提升企业核心竞争力，强化企业运营管控能力。

（2）提升水务企业决策分析能力。建设具有科学的决策支持平台，集中分析过程监控、集成与填报数据，提供专业的分析、管理、支持，并逐步建立工艺仿真模型以及专家决策支持系统，协助管理层制定科学决策。

（3）建设标准化运营管理体系。标准建设标准化运营管理体系，有效减少管理成本以及运营维护成本，使集团化公司业务得到有效扩张，为公司信息化管理、运营战略规划奠定基础。

1.3.3.4 “互联网+水务”市场应用

A 大型水务投资公司

这类企业一般在国内拥有多个污水处理项目，由于以往各污水处理厂工艺流程、管理方式不尽相同，各污水处理厂的运营效率也存在高下之分。“互联网+水务”将国内外先进的管理经验融入产品中，针对此类用户设计开发了集团化的软件系统，并可针对企业管理应用的需求进行深层次定制开发，为其实现集中化统一的、高效的、先进的管理提供了可能。

B 污水处理厂运营单位

对污水处理运营单位而言，目前运营效率低、能耗大、生产成本居高不下一直是困扰其发展的重要因素，“互联网+水务”针对地提高污水处理设施整体运行效率、达到节能降耗、减员增效、降低运营管理成本的目的，设计开发了适用企业管理需求的生产运行管理系列产品。实现污水处理企业的精细化、科学化、规范化、信息化的全程管理，整体提高污水处理企业的生产运营管理水平。

C 工业废水第三方治理企业

“互联网+水务”加强废水处理系统综合运营管理、节能优化调度研究和实用技术开发，对实现工艺运行由经验判断走向定量分析，打造标准化、轻量化运营管理模式。

D 乡村污水治理企业

“互联网+水务”解决分散的信息孤岛问题，实现无人值守，获取实时运行数据，了解整体解决了“统筹难、巡检难、管控难”的问题。

E 市政监管部门

对自来水水质、污水处理厂排放达标的市政监管部门而言，存在着需要实时掌握并监控实际生产运营状况，并以此判定运营状况的好坏或做出针对性的决策方案的强烈需求。运用“互联网+水务”思维把生产控制层和企业决策管理层有力的结合起来，实时系统与管理信息系统相互渗透，彼此结合，形成一个多层次、网络化的自动化信息处理系统，从而将整个企业的信息流带动起来。为不同层面的运行管理者提供了优质的决策支持信息，为辅助分析决策奠定良好的基础。对供水企业、污水处理的监管部门具有非常高的推广应用价值。

F 水治理专业设备厂家

“互联网+水务”思维可大大弥补其除设备、工程技术、资金之外的企业运营管理经验方面的欠缺和不足，对完善其投资计划中硬件部分管理内容的欠缺，极大增强其市场竞争力。

【任务实施】

通过一次水务行业峰会，了解到大多数水务集团都在采用水务数字化管理生产运营，尤其水务远程监视管理系统能辅助集团对分散广的污水处理厂进行有效监管，在经过多番咨询和讨论后，引进了水务远程监视管理系统。该系统将集团和厂站进行无缝对接，拥有成熟的数据采集平台及数据传输平台，实时将生产运行数据及设备运行状况传输到系统中，也能实时展现全仿真的中控室工艺画面，在显示屏上无限缩放，管理者能通过IE浏览器实时巡察，不仅能查看到所有设备的开停状态、实时数据，而且能对重点设备数据进行异常设定，在出现故障的临界点及时通过声、光、短信等方式告知相关人员，这起到了很好的预警作用，管理人员也无须亲临现场，通过系统能全面地了解问题所在。集团使用水务远程监视管理系统近一年，使生产控制层和决策管理层之间信息传输更加实时、准确、直观，且提高管理效率。使企业信息化前进了一大步，为企业的信息化发展奠定了坚实的基础。

【项目总结】

项目阐述了水务信息化发展的三个阶段：信息水务、数字水务、智慧水务；然后，分析了信息水务存在的问题、发展历程和其建设的目标、内容；给出了数字水务的基本建设理念，讲解了其建设内容和展望；最后，详细描述了智慧水务的发展愿景、建设内容和“互联网+水务”的新型水务运营模式。

【项目考核】

（1）解释数字水务建设内容。

（2）描述智慧水务功能架构图。

【项目实训】

某水务集团生产运营主管通过严格的奖惩制度管理下属厂生产运行数据的记录，在一次集团会议上，老总请他拿出各分厂出水量对比分析，因为平时都是技术人员记录，然后通过EXCEL统计上报分析报表的，短时间统计分析还做不到。事后，他深刻理解到人工记录生产运行数据的模式已经难以满足日新月异行业需求，在网络查阅相关行业解决方案的资料后，决定上一套水务生产运行管理系统。

这套系统对于污水处理厂来说，将以往人工记录生产数据的工作方式彻底改变，实现数据电子化，系统智能化将数据统计、分析，灵活配置导出各类图形报表，比如：曲线图、趋势图等形式，形象展示生产运行趋势，保证了生产运行数据的准确性，减少管理人员数据分析的工作量，提高生产运行管理效率。在使用这套系统一年后，该集团通过此系统极大地提高了下属企业上报数据的及时性和准确性，减轻了总部运管人员的汇总计算、统计分析的工作量，提高了企业运行监管工作效率，提升了企业的整体信息化管理水平。

通过以上案例，可以看出，数字化水务对于水务集团而言，它建立了网络化的下属单位生产运行数据上报机制，实现了对下属单位的远程运行监管。各下属单位上报的生产运行数据被数字化系统智能化的汇总和统计，快速形成企业整体的生产运行各类报表，为企业整体运营管理、决策提供参考数据。随着数字化系统建设，将极大地提高下属单位上报数据的及时性和准确性，减轻总部运管人员的汇总计算、统计分析的工作量，提高企业运行监管工作效率，提升企业整体信息化管理水平。

项目2　水务物联网

【项目导读】

智慧水务在建设过程中需要运用物联网技术，实现对集团信息的全面监测和感知。利用各类感知设备和智能化系统，智能识别和全面感知企业水源、供水系统、排水系统等的实时状态，对感知的数据进行融合、分析和处理，并能与业务流程进行智能化集成，继而主动做出响应，促进集团各个关键系统高效运行。

利用目前蓬勃发展的物联网技术，实现企业生产过程、经营管理、服务管理、领导决策等业务的数字化。以企业分布在各地的供水水厂、污水处理厂、泵站的生产设备、智能仪器、智能仪表、智能传感器、RFID 设备、水质监测设备、传感器设备、视频监控设备等作为物联网中的感知层，全面感知、测量、捕获动态的水务基础信息；通过建立传输和通信网络，实现感知层数据的实时采集、传输和存储，形成物联网中的网络层；充分利用实时监测和海量数据分析等信息化平台手段，部署基于物联网的智慧水务应用系统，建立物联网中的应用层，从而形成完整的基于物联网的智慧水务信息平台。

【知识目标】

（1）理解智能传感器的概念。
（2）熟悉智能网络传感器的常见功能。
（3）了解智能网络传感器的具体应用。
（4）了解物联网的概念。
（5）熟悉水务物联网的系统架构。
（6）熟悉水务物联网的具体应用。

【技能目标】

（1）熟悉智能网络传感器的使用方法及技巧。
（2）掌握操作水务物联网的基本功能模块。

任务2.1　智能网络传感器

【任务说明】

物联网与智能网络传感器的关系是什么，水务管理信息化在哪些场合应用智能网络传感器。

【预备知识】

2.1.1 智能网络传感器概述

2.1.1.1 智能传感器的概念

智能传感器（intelligent sensor）是具有信息处理功能的传感器。智能传感器带有微处理机，具有采集、处理、交换信息的能力，是传感器集成化与微处理机相结合的产物。与一般传感器相比，智能传感器具有以下三个优点：通过软件技术可实现高精度的信息采集，而且成本低；具有一定的编程自动化能力；功能多样化。

一个良好的‘智能传感器’是由微处理器驱动的传感器与仪表套装，并且具有通信与板载诊断等功能。

2.1.1.2 智能传感器的功能

概括而言，智能传感器的主要功能是：

(1) 具有自校零、自标定、自校正功能。

(2) 具有自动补偿功能。

(3) 能够自动采集数据，并对数据进行预处理。

(4) 能够自动进行检验、自选量程、自寻故障。

(5) 具有数据存储、记忆与信息处理功能。

(6) 具有双向通信、标准化数字输出或者符号输出功能。

(7) 具有判断、决策处理功能。

2.1.1.3 网络化的智能传感器

网络化智能传感器是智能传感技术和计算机通信技术相结合而提出的一个全新概念，基于以太网的网络化智能传感器在传感器现场级实现了 Ethernet 和 TCP/IP 协议，且组网方便可靠，组网费用低廉，在过程控制领域将得到广泛应用。

网络化智能传感器即在智能传感技术上融合通信技术和计算机技术，使传感器具备自检、自校、自诊断及网络通信功能，从而实现信息的“采集”、“传输”和处理，成为统一协调的一种新型智能传感器。网络化智能传感器使传感器由单一功能、单一检测向多功能和多点检测发展，从被动检测向主动进行信息处理方向发展，从就地测量向远距离实时在线测控发展，网络化使得传感器可以就近接入网络，传感器与测控设备间再无须点对点连接，大大简化了连接线路，节省投资，易于系统维护，也使系统易于扩充。

2.1.2　智能网络传感器功能简介

基于分布式智能传感器的测量控制系统是由一定的网络将各个控制节点、传感器节点及中央控制单元共同构成。其中传感器节点是用来实现参数测量并将数据传送给网络中的其他节点；控制节点是根据需要从网络中获取所需要的数据并根据这些数据制订相应的控制方法和执行控制输出。在整个系统中，每个传感器节点和控制节点是相互独立且能够自治。控制节点和传感器节点的数目可多可少，根据要求而定。网络的选择既可以是传感器总线、现场总线，也可以是企业内部的 Ethernet，也可以直接是互联网。

2.1.2.1　信息存储和传输

随着全智能集散控制系统（smart distributed system）的飞速发展，对智能单元要求具备通信功能，用通信网络以数字形式进行双向通信，这也是智能传感器关键标志之一。智能传感器通过测试数据传输或接收指令来实现各项功能，如增益的设置、补偿参数的设置、内检参数设置、测试数据输出等。

2.1.2.2　自补偿和计算功能

多年来从事传感器研制的工程技术人员一直为传感器的温度漂移和输出非线性做了大量的补偿工作，但都没有从根本上解决问题。而智能传感器的自补偿和计算功能为传感器的温度漂移和非线性补偿开辟了新的道路。这样，放宽传感器加工精密度要求，只要能保证传感器的重复性好，利用微处理器对测试的信号通过软件计算，采用多次拟合和差值计算方法对漂移和非线性进行补偿，从而能获得较精确的测量结果压力传感器。

2.1.2.3　自检、自校、自诊断功能

普通传感器需要定期检验和标定，以保证它在正常使用时足够的准确度，这些工作一般要求将传感器从使用现场拆卸送到实验室或检验部门进行。对于在线测量传感器出现异常则不能及时诊断。采用智能传感器情况则大有改观，首先自诊断功能在电源接通时进行自检，诊断测试以确定组件有无故障。其次根据使用时间可以在线进行校正，微处理器利用存在 EPROM 内的计量特性数据进行对比校对。

2.1.2.4　复合敏感功能

我们观察周围的自然现象，常见的信号有声、光、电、热、力、化学等。敏感元件测量一般通过两种方式：直接和间接的测量。而智能传感器具有复合功能，能够同时测量多种物理量和化学量，给出能够较全面反映物质运动规律的信息。如美国加利福尼亚大学研制的复合液体传感器，可同时测量介质的温度、流速、压力和密度。复合力学传感器，可同时测量物体某一点的三维振动加速度（加速度传感器）、速度（速度传感器）、位移（位移传感器）等。

2.1.2.5　智能传感器的集成化

由于大规模集成电路的发展使得传感器与相应的电路都集成到同一芯片上，而这种具有某些智能功能的传感器叫作集成智能传感器。集成智能传感器的功能有三个方面的优点：较高信噪比。传感器的弱信号先经集成电路信号放大后再远距离传送，可以大大改进信噪比。改善性能。由于传感器与电路集成于同一芯片上，对于传感器的零漂、温漂和零位可以通过自校单元定期自动校准，并可以采用适当的反馈方式改善传感器的频响。信号规一化。传感器的模拟信号可以通过程控放大器进行规一化，并通过模数转换成数字信号，微处理器按数字传输的几种形式进行数字规一化，如串行、并行、频率、相位和脉冲等。

2.1.3　智能网络传感器在水务管理中的应用

自动监测系统是水务自动化的基础，监测和监控是自动监测系统的重要任务，传感、采集和传输数据对智能和组网的要求越来越高。传感网常用的技术有无线射频和传感网络。传感器网内数据的传输和组网通过无线快速实现，无线传感器网络是由大量部署在目标区域内的、具有无线通信与计算能力的数据采集传感器节点，通过自组织方式构成的能根据环境自主完成指定任务的分布式智能化网络系统。这些节点集成有传感器、微处理器和通信模块的微型嵌入式系统，具备数据采集、计算处理和短距离无线通信能力，各节点之间通过某种协议自组成一个无线局域网络，能将采集来的数据融合优化，并沿着一定的路径传送到信息处理中心，因此可将大量节点密集分布在无人值守的监控区域，从而构成能自主完成指定任务的智能自制测控网络系统。无线传感器网络可以协作感知、采集和处理网络覆盖区域中感知对象的信息，并发布给观察者。

【任务实施】

涉及水务大数据的采集过程，均需要应用智能网络传感器，详情参阅项目五。

任务 2.2　物联网

【任务说明】

某个水库建有多个监测站，包括水质部门、环保部、水利部、水文站都在那里设了站点。忽然有一天，水文站的监测数据显示水的浑浊度忽然升高，而这个水库作为饮用水源如果浑浊度过高则必须做关闸处理，但水文站单凭自己的数据是无法下此结论的，这时应如何改变这种现状？

【预备知识】

2.2.1　物联网概述

物联网（internet of things）是继计算机、互联网和移动通信之后的新一轮信息技术革命和产业革命。1998 年，美国麻省理工学院创造性地提出了当时被称作 EPC 系统的“物联网”构想。物联网的概念最早在 1998 年由美国 MIT 大学的 Kevin Ashton 教授提出，把 RFID 技术与传感器技术应用于日常物品中形成物联网，着重的是物品的标记。目前国际上对于物联网尚没有一个公认的定义，比较广泛的解释是，把感应器嵌入和装备到电网、铁路、桥梁、隧道、公路、建筑、供水系统、大坝、油气管道等各种物体中并构成物联网，然后将物联网与现有的互联网整合起来，实现人类社会与物理系统的整合。在这个整合的网络当中，存在能力超级强大的中心计算机群，能够对整合网络内的人员、机器、设备和基础设施实施实时的管理和控制，在此基础上，人类可以更加精细和动态地管理生产和生活，达到“智慧”状态，提高资源利用率和生产力水平，改善人与自然间的关系。在 2010 年我国的政府工作报告所附的注释中，对物联网有如下的说明：物联网是指通过信息传感设备，按照约定的协议，把任何物品与互联网连接起来，进行信息交换和通信，以实现智能化识别、定位、跟踪、监控和管理的一种网络。

2.2.2　水务物联网系统架构

2.2.2.1　水务物联网的概念

水务物联网顾名思义就是将物联网技术应用于水资源管理，实现水质在线监测、山洪监测预警、饮水安全自动在线监测、重金属含量自动监测、毒性综合自动监测等。

2.2.2.2　水务物联网的层次结构

A　感知层（D）

由雨量、水位、流量、流速、压力、视频图像、水质（COD、BOD、TOC、DOC、NO_3、NO_2、NH_4、Cl^{2+}、浊度、色度、pH、ORP、电导率、溶解氧、总磷、总氮）等传感器，实现对水环境的全面感知和检测数据采集。

B　网络传输层（N）

由 GPRS、GSM、3G、北斗卫星、ADSL、互联网多种方式将传感器采集到的数据实时传输到网络中心。由服务器组、交换机、路由器、防火墙、数据存储系统、UPS 等配套网络设备组成物联网网络中心系统。网络中心计算平台采用服务器虚拟架构以及云计算技术，实现“水务云”解决方案，提高服务器整合效率，大幅度简化服务器群管理的复杂性，提高整体系统的可用性，同时还明显地减少投资成本，具有很好的技术领先性和性价比。数据存储模式采用标准的SAN集中存储架构。

C 应用层（M）

由物联网数据分析处理系统软件为水务管理提供各种应用服务。系统采用B/S及三层架构方式，接口与实现相分离，软件系统具有非常好的可扩展性支持Ipad移动办公。

2.2.2.3 水务物联网技术架构图

图2-1所示为水务物联网网络感知终端的实现过程，即物联网如何应用于水务管理过程。整个架构分为四层，即传感层、采集感知层、数据汇集层和应用配置层。传感层通过远传水表、水质监测仪、雨量计等信息采集设备获取原始的水务数据；然后通过无线物联网输出到采集感知层，再利用统一的协议实现采集数据的通信和发送。数据汇集层通过数据接收设备解析接收采集的传感器数据，并将数据分别存入其对应的各类数据库。应用配置层主要利用各种水务管理信息系统对水务大数据进行分析，以B/S模式形成各种图表、文字等形式，以便领导智能决策和对公众提供各类查询、下载、缴费等服务；同时对底层相关的硬件设备进行统一的管理、配置、调度、分配等。

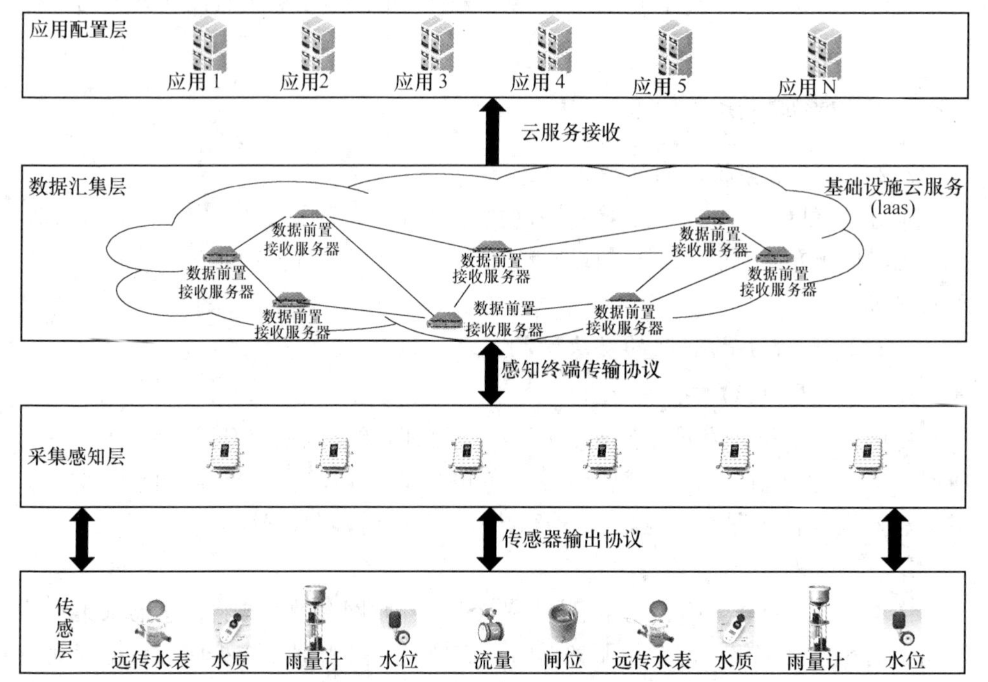

图2-1 水务物联网感知终端总体技术终端框架

2.2.3 水务物联网应用

2.2.3.1 水务运营管理云平台

水处理企业运营管理云平台依照多家优秀水务企业的管理经营和行业专家的运营管理经验，结合在水务行业信息化运营管理方面多年技术积累，建立的一套适应于水处理企业综合运营管理模式的信息化管理系统。

将先进技术服务于企业是科技产业化的必然趋势，水处理行业面临着管理需求多样化、生产模拟仿真、精细化管理、优化调度等急需解决的问题。本产品为水处理企业提供生产运行、水质化验、设备管理、安全管理、日常办公等关键业务的统一信息化管理模式，对企业实时生产数据、视频监控数据、工艺设计、日常管理等相关数据进行集中管理、统计分析、数据挖掘，为不同层面的生产运行管理者提供即时、丰富的生产运行信息，为辅助分析决策奠定良好的基础，为企业规范管理、节能降耗、减员增效和精细化管理提供强大的技术支持。

2.2.3.2 远程监视管理应用

水务远程监视管理系统以污水处理企业现有的自动化控制系统中的生产运行数据为采集源数据，通过华信数据采集平台以及数据传输网络从 PLC 中自动、实时将生产运行数据传输到远程监视管理系统中，实现生产运行情况的实时监视、生产运行数据的可靠存储、生产运行数据的查询、报表生成与统计分析等功能。远程监视管理系统采用分布式采集与集中管理相结合的方式，弥补了传统自控系统和组态软件的只能在厂、站本地查看和管理生产运行数据的不足，将原本分散分布于各地的污水处理厂和下属泵站的生产运行数据进行自动采集，并进行实时存储和管理。公司管理人员通过 IE 浏览器即可实现对各厂、站的远程监视及运行数据查询，解决了以往只能通过各厂上报报表或前往现场才能看到实时生产运行情况的难题。对于污水处理企业，生产运行数据是企业生产运行控制、安全生产保障、生产优化调度、生产计划制定、生产成本分析等运营管理业务决策的最基础、可靠、有力的依据。远程监视管理系统则为企业提供了一套先进的生产运行数据信息化管理工具。通过该系统的使用，企业生产控制层和决策管理层之间信息传输更加实时、准确、直观，提高管理效率。使企业信息化前进了一大步，为企业的信息化发展奠定了坚实的基础。

【任务实施】

由工作人员亲身开车去现场观察，结果工作人员一到现场发现，原来是由于下雨，雨水将监测站附近山上的泥沙冲了进来。而在 3.0 阶段，各个监测站将能够实现互相关联，并可同时报出监测数据以供有关管理人员做决策参考。

从物联网在水行业的应用角度，1.0 阶段就是监测站收集数据，但对数据的表现并不关心，只做监控；2.0 阶段时，就会在数据层面上增加分析环节，加入大数据、云计算技术来构建分析能力，再依托分析能力优化管理；3.0 阶段最重要的关键词，就是 systems of insight（洞察力系统），是指过去凭专家级的经验才能获取对未来的预测，现在通过数据分析也能做到。

【项目总结】

项目详细讲解了智能网络传感器的概念、功能及在水务管理中的一些具体应用；接着，给出了水务物联网的系统架构、层次结构及对应完成的功能；最后，给出了水务物联网的具体商业应用。

【项目考核】

（1）描述智能网络传感器的常见功能。
（2）掌握水务物联网的系统架构。

【项目实训】

如何设计基于物联网的污水处理综合运营管理平台

基于物联网的污水处理综合运营管理系统实现集团公司下属厂、分公司和总部各层级的信息化管理，实现集团公司管理全数字化、虚拟化、集约化、智能化等目标，关键生产指标（进出水水量、进出水污染物浓度、集水井水位等）、生产运行数据（设备开关、电流、电压等）的自动采集、远程实时监控、智能预警，能加强各级管理人员对各厂运行情况的实时监管力度：通过对生产现场的各类运行数据的分析和数据挖掘，为各污水厂运营管理提供实时运行监测、全厂过程控制、工艺运行模拟、运行异常预警、优化运行决策等功能；为公司提供整体综合运营决策的工艺分析、设备分析、成本分析、风险分析等功能。

借助物联网技术将企业的生产过程、调度监控、事务处理、决策等业务过程进行数字化，通过各种信息系统网络加工生成信的信息资源，提供给各层次的人们洞悉、观察各类动态业务中的一切信息，以做出有利于生产要素组合优化的决策。使企业资源合理配置，实现实时运行监视告警、企业形象展示、生产精细化管理、生产优化调度、经营成本分析、日常办公管理、辅助经营决策等综合管理应用。提升企业技术管理水平，达到优化管理模式、降低运行成本、提高办公效率等目的，以使企业能适应瞬息万变的市场经济竞争环境，求得最大的经济效益。

首先：建立感知层体系

感知层设备主要包括各污水处理厂、泵站的在线仪器仪表、生产设备、自控系统等，是物联网技术构架的基础，感知层的建设是利用各厂自控系统，通过强大的数据协议转换功能，在不影响各污水处理厂生产运行的前提下，进行多种通信接口、通信协议的转换，实现自动采集各种 PLC 和驱动器的生产运行数据，并建立与各类 PLC、驱动器、马达控制器间的数据通信，最终形成完善的感知层体系。

其次：建立网络层体系

利用先进的 3G 网络与互联网融合，建立网络层体系，实现对集团公司下属厂、分公司、总部各层级的关键生产指标数据、设备运行参数的采集，实时传输到集团总部，并对数据进行存储、维护、管理，且提供给外部应用系统使用。

最后：建立运营管理应用层体系

感知层和网络层体系的建立，为运营管理工作提供了大量的各污水厂、泵站的生产运行数据，只有深入挖掘各类数据间的关系，合理利用好这些数据，物联网体系的建立才有意义，即基于物联网的污水处理综合运营管理应用体系。首先它通过感知层的各类数据的初步加工和展示，实现企业厂站分布情况、各厂生产运行工艺画面的展示、实现对各厂实时运行数据的超限告警；其次通过对生产运行数据的汇总计算，实现污水厂及集团日常运行管理的各类图表，方便管理人员进行日常运行情况的总结与分析；再次通过对日常运行管理中涉及的化验管理、设备资产管理、项目管理、办公审核等功能进行信息化管理，获取更全面的运营管理数据；最后通过生产运行数据的深入分析挖掘实现指导污水厂生产的各类异常预警、运行工艺模拟、优化调度分析、综合运营决策等，以及指导公司综合运营决策的工艺分析、设备分析、成本分析、风险分析等。

项目3　水务大数据及云平台

【项目导读】

智慧水务在建设过程中需要运用大数据技术，围绕“数据收集、数据管理、数据分析、知识形成、智慧行动”的全过程，开发使用企业的海量数据，释放出更多数据的隐藏价值。借助大数据平台，未来将可以让企业更了解自身经营管理状况和用户使用习惯，通过大数据管理平台的数据分析，能够更有针对性地帮助企业改善经营模式和用户服务模式，提升企业管理水平和对外服务水平。

通过构建基于分布式技术的大数据管理平台，能够有效降低数据存储成本，提升数据分析处理效率，并具备海量数据、高并发场景的支撑能力，可大幅缩短数据查询响应时间，满足企业各上层应用的数据需求。未来随着智慧水务的不断推进，企业智慧水务建设将从关注系统实施向关注数据分析方向转化，大数据应用将成为新的重心。

【知识目标】

（1）理解大数据的概念。

（2）了解大数据的发展趋势。

（3）理解水务大数据的内涵。

（4）掌握水务云平台框架。

（5）理解移动互联网的概念及水务移动互联网的应用。

【技能目标】

（1）根据设计需要，自主修正完善智慧水务云平台框架。

（2）掌握移动互联网在水务管理中的新应用管理系统。

任务3.1　大数据

【任务说明】

掌握水务大数据的采集、分析和应用过程。

【预备知识】

3.1.1 大数据概述

3.1.1.1 大数据概念

大数据（big data）指无法在一定时间范围内用常规软件工具进行捕捉、管理和处理的数据集合，是需要新处理模式才能具有更强的决策力、洞察发现力和流程优化能力的海量、高增长率和多样化的信息资产。

大数据的 5V 特点（IBM 提出）：volume（大量）、velocity（高速）、variety（多样）、value（低价值密度）、veracity（真实性）。

大数据技术的战略意义不在于掌握庞大的数据信息，而在于对这些含有意义的数据进行专业化处理。换而言之，如果把大数据比作一种产业，那么这种产业实现盈利的关键在于提高对数据的“加工能力”，通过“加工”实现数据的“增值”。

从技术上看，大数据与云计算的关系就像一枚硬币的正反面一样密不可分。大数据必然无法用单台的计算机进行处理，必须采用分布式架构。它的特色在于对海量数据进行分布式数据挖掘。但它必须依托云计算的分布式处理、分布式数据库和云存储、虚拟化技术。

随着云时代的来临，大数据（big data）也吸引了越来越多的关注。分析师团队认为，大数据（big data）通常用来形容一个公司创造的大量非结构化数据和半结构化数据，这些数据在下载到关系型数据库用于分析时会花费过多时间和金钱。大数据分析常和云计算联系到一起，因为实时的大型数据集分析需要像 Spark 一样的框架来向数十、数百或甚至数千的电脑分配工作。

大数据需要特殊的技术，以有效地处理大量的容忍经过时间内的数据。适用于大数据的技术，包括大规模并行处理（MPP）数据库、数据挖掘、分布式文件系统、分布式数据库、云计算平台、互联网和可扩展的存储系统。

最小的基本单位是 bit，按顺序给出所有单位：bit、Byte、KB、MB、GB、TB、PB、EB、ZB、YB、BB、NB、DB。它们按照进率 1024（2 的十次方）来计算。

3.1.1.2 大数据的意义

现在的社会是一个高速发展的社会，科技发达，信息流通，人们之间的交流越来越密切，生活也越来越方便，大数据就是这个高科技时代的产物。阿里巴巴创办人马云曾经在演讲中就提到，未来的时代将不是 IT 时代，而是 DT 的时代，DT 就是 data technology 数据科技，显示大数据对于阿里巴巴集团来说举足轻重。

有人把数据比喻为蕴藏能量的煤矿。煤炭按照性质有焦煤、无烟煤、肥煤、贫煤等分类，而露天煤矿、深山煤矿的挖掘成本又不一样。与此类似，大数据并不在“大”，而在于“有用”。价值含量、挖掘成本比数量更为重要。对于很多行业而言，如何利用这些大规模数据是赢得竞争的关键。

大数据的价值体现在以下几个方面：

（1）对大量消费者提供产品或服务的企业可以利用大数据进行精准营销。

（2）做小而美模式的中小微企业可以利用大数据做服务转型。

（3）面临互联网压力之下必须转型的传统企业需要与时俱进充分利用大数据的价值。

不过，“大数据”在经济发展中的巨大意义并不代表其能取代一切对于社会问题的理性思考，科学发展的逻辑不能被湮没在海量数据中。著名经济学家路德维希·冯·米塞斯曾提醒过：“就今日言，有很多人忙碌于资料之无益累积，以致对问题之说明与解决，丧失了其对特殊的经济意义的了解。”这确实是需要警惕的。

在这个快速发展的智能硬件时代，困扰应用开发者的一个重要问题就是如何在功率、覆盖范围、传输速率和成本之间找到那个微妙的平衡点。企业组织利用相关数据和分析可以帮助它们降低成本、提高效率、开发新产品、做出更明智的业务决策等。例如，通过结合大数据和高性能的分析，下面这些对企业有益的情况都可能会发生：

（1）及时解析故障、问题和缺陷的根源，每年可能为企业节省数十亿美元。

（2）为成千上万的快递车辆规划实时交通路线，躲避拥堵。

（3）分析所有SKU，以利润最大化为目标来定价和清理库存。

（4）根据客户的购买习惯，为其推送他可能感兴趣的优惠信息。

（5）从大量客户中快速识别出金牌客户。

（6）使用点击流分析和数据挖掘来规避欺诈行为。

3.1.1.3 大数据的发展趋势

A 趋势一：数据的资源化

资源化是指大数据成为企业和社会关注的重要战略资源，并已成为大家争相抢夺的新焦点。因而，企业必须要提前制定大数据营销战略计划，抢占市场先机。

B 趋势二：与云计算的深度结合

大数据离不开云处理，云处理为大数据提供了弹性可拓展的基础设备，是产生大数据的平台之一。自2013年开始，大数据技术已开始和云计算技术紧密结合，预计未来两者关系将更为密切。除此之外，物联网、移动互联网等新兴计算形态，也将一齐助力大数据革命，让大数据营销发挥出更大的影响力。

C 趋势三：科学理论的突破

随着大数据的快速发展，就像计算机和互联网一样，大数据很有可能是新一轮的技术革命。随之兴起的数据挖掘、机器学习和人工智能等相关技术，可能会改变数据世界里的很多算法和基础理论，实现科学技术上的突破。

D 趋势四：数据科学和数据联盟的成立

未来，数据科学将成为一门专门的学科，被越来越多的人所认知。各大高校将设立专门的数据科学类专业，也会催生一批与之相关的新的就业岗位。与此同时，基于数据这个基础平台，也将建立起跨领域的数据共享平台，之后，数据共享将扩展到企业层面，并且成为未来产业的核心一环。

E 趋势五：数据泄露泛滥

未来几年数据泄露事件的增长率也许会达到 100%，除非数据在其源头就能够得到安全保障。可以说，在未来，每个财富 500 强企业都会面临数据攻击，无论他们是否已经做好安全防范。而所有企业，无论规模大小，都需要重新审视今天的安全定义。在财富 500 强企业中，超过 50%将会设置首席信息安全官这一职位。企业需要从新的角度来确保自身以及客户数据，所有数据在创建之初便需要获得安全保障，而并非在数据保存的最后一个环节，仅仅加强后者的安全措施已被证明于事无补。

F 趋势六：数据管理成为核心竞争力

数据管理成为核心竞争力，直接影响财务表现。当“数据资产是企业核心资产”的概念深入人心之后，企业对于数据管理便有了更清晰的界定，将数据管理作为企业核心竞争力，持续发展，战略性规划与运用数据资产，成为企业数据管理的核心。数据资产管理效率与主营业务收入增长率、销售收入增长率显著正相关；此外，对于具有互联网思维的企业而言，数据资产竞争力所占比重为 36. 8%，数据资产的管理效果将直接影响企业的财务表现。

G 趋势七：数据质量是 BI（商业智能）成功的关键

采用自助式商业智能工具进行大数据处理的企业将会脱颖而出。其中要面临的一个挑战是，很多数据源会带来大量低质量数据。想要成功，企业需要理解原始数据与数据分析之间的差距，从而消除低质量数据并通过 BI 获得更佳决策。

H 趋势八：数据生态系统复合化程度加强

大数据的世界不只是一个单一的、巨大的计算机网络，而是一个由大量活动构件与多元参与者元素所构成的生态系统，终端设备提供商、基础设施提供商、网络服务提供商、网络接入服务提供商、数据服务使能者、数据服务提供商、触点服务、数据服务零售商等一系列的参与者共同构建的生态系统。而今，这样一套数据生态系统的基本雏形已然形成，接下来的发展将趋向于系统内部角色的细分，也就是市场的细分；系统机制的调整，也就是商业模式的创新；系统结构的调整，也就是竞争环境的调整等，从而使得数据生态系统复合化程度逐渐增强。

3.1.2 水务大数据

3.1.2.1 水务大数据概念

水务大数据是通过数采仪、无线网络、水质水压表等在线监测设备实时感知城市供排水系统的运行状态数据，并利用可视化的方式有机整合水务管理部门与供排水设施，形成“城市水务物联网”，并将海量水务信息通过水务物联网传输至互联网，直至各类服务器，以进行及时分析与处理，并做出相应的处理结果辅助决策建议，其目标是以更加精细和动态的方式管理水务系统的整个生产、管理和服务流程，从而达到“智慧”的状态。

在大数据时代，数据已经成为企业的重要资产，甚至是核心资产，数据资产及数据专业处理能力将成为水务企业的核心竞争力。也就是说，未来水务企业的核心竞争力是通过水务物联网获取水网数据，以云计算和大数据分析提供长期决策支持和增值服务，应用移动终端的便捷性，加快数据和业务的流转，从而提高公司的科技储备和资本市场战略收购能力。

3.1.2.2 水务大数据发展的指导意见

A 指导思想

首先遵循围绕中心、服务大局，统筹规划、协同发展，整合共享、保障安全，融合创新、强化应用，上下联动、社会参与的基本原则，贯彻国家网络安全和信息化战略部署，紧紧围绕“十三五”水利改革发展，加强顶层设计和统筹协调，加快数据整合共享和有序开放，大力推进水务数据资源协同共享，深化水务大数据在水利工作中的创新应用，促进新业态发展，实现水利大数据规模、质量和应用水平的同步提升。

其次，要按照实施国家大数据战略要求，立足水利工作发展需要，达到“健全水务数据资源体系、实现水务数据有序共享开放、深化水务数据开发应用”三大目标，促进新业态发展，支撑水治理体系和治理能力现代化。

B 工作内容

夯实水务大数据基础的四方面工作：其一，通过提升获取能力、整合集成资源、建立资源目录、完善更新机制，健全水务数据资源体系；其二，通过新建水信息基础平台，构建横向水利业务间共享，建立纵向水利部门间交换，实现各级水利部门间信息联通；其三，通过编制水利信息资源目录、有序提供共享服务，推进部门间数据共享；其四，通过编制水利数据开放清单、制定水务数据开放标准、建设水务数据开放平台、汇聚水利相关社会数据、引导水务大数据开发利用，促进水务大数据的开放与应用。

明确了实施水资源精细管理与评估、增强水环境监测监管能力、推进水生态管理信息服务、加强水旱灾害监测预测预警、支撑河长制任务落实、开展智慧流域试点示范应用等 6 大重点任务。

【任务实施】

详情见预备知识或查阅相关资料。

任务 3.2 水务云平台

【任务说明】

如何及时掌握整个管网的水质状况，预警预报重大或突发性水质污染事故，保障饮水安全，提高水污染反映应急能力，减少水污染事故造成的危害？

【预备知识】

3.2.1 云计算概述

智慧水务在建设过程中需要运用云计算技术，将计算、存储和网络资源进行虚拟化，实现集团信息系统各 IT 基础设施的全面资源池化，构建智能化、集中化、虚拟化的基础设施，为企业及各下属单位提供灵活、方便、可运营的 IT 支撑环境，大大节约企业整体的信息化投入成本。

利用云计算技术，搭建智慧水务的基础设施云平台，对主机采用虚拟化技术实现应用系统部署所需的分层资源池，实现 IT 资源的虚拟和共享，为集团智慧生产信息平台、智慧经营信息平台、智慧服务信息平台以及智慧管控信息平台等信息化系统提供动态灵活的基础设施服务。通过制定相关标准和流程，部署云平台基本框架，实现计算资源的虚拟化；在计算资源虚拟化的基础上，实现计算资源的统一分配和管理，并将集团核心应用系统部署到基础设施云平台，实现 IT 与业务的深度融合，有效支撑集团的发展战略和业务发展。

3.2.2 智慧水务云平台

3.2.2.1 水务云平台建设背景

随着物联网、大数据、云计算及移动互联网等新技术不断融入传统行业的各个环节，新兴技术和智能工业的不断融合，城市水务管理想要获得长足提升和发展，确保居民用水安全，解决城市取水、供水、用水、排水等问题的诉求和矛盾，全面应用新科技和互联网思维是当前水务管理部门促进和带动水务现代化、提升水务行业社会管理和公共服务能力、保障水务可持续发展的必然选择。

经过长期的市场调研，加之有着和自来水行业客户长期的合作关系，对其业务需求有着全面、深入、透彻地了解，运用先进的计算机网络技术、大数据挖掘技术、智能能耗分析技术、GIS 地理信息技术、无线网络技术、传感技术、自动控制技术、微功耗技术、物联网技术等开发国内最先进的智慧水务云平台，涵盖生产、调度、采集、监控、营收、维护、异常监测等各个环节，提供城市供水系统的统一规划、统一标准、统一建设、统一管理和调度综合解决方案。

智慧水务云平台通过数据采集设备、无线网络设备、智能采集终端、水质检测传感器、压力传感器、流量计、智能水表等在线监测设备实时感知城市供排水系统的运行状态，并采用可视化的方式有机整合水务管理部门与供排水设施，并通过大数据分析技术将采集到的海量水务信息进行分析与处理，生成水力模型并做出相应的处理结果辅助决策建议，实现从水源地到水龙头，水龙头再到排污口全闭环管理流程，以更加精细和动态的方式实现水务系统的智慧管理。

3.2.2.2　水务云平台框架图

水务云平台框架如图 3-1 所示。

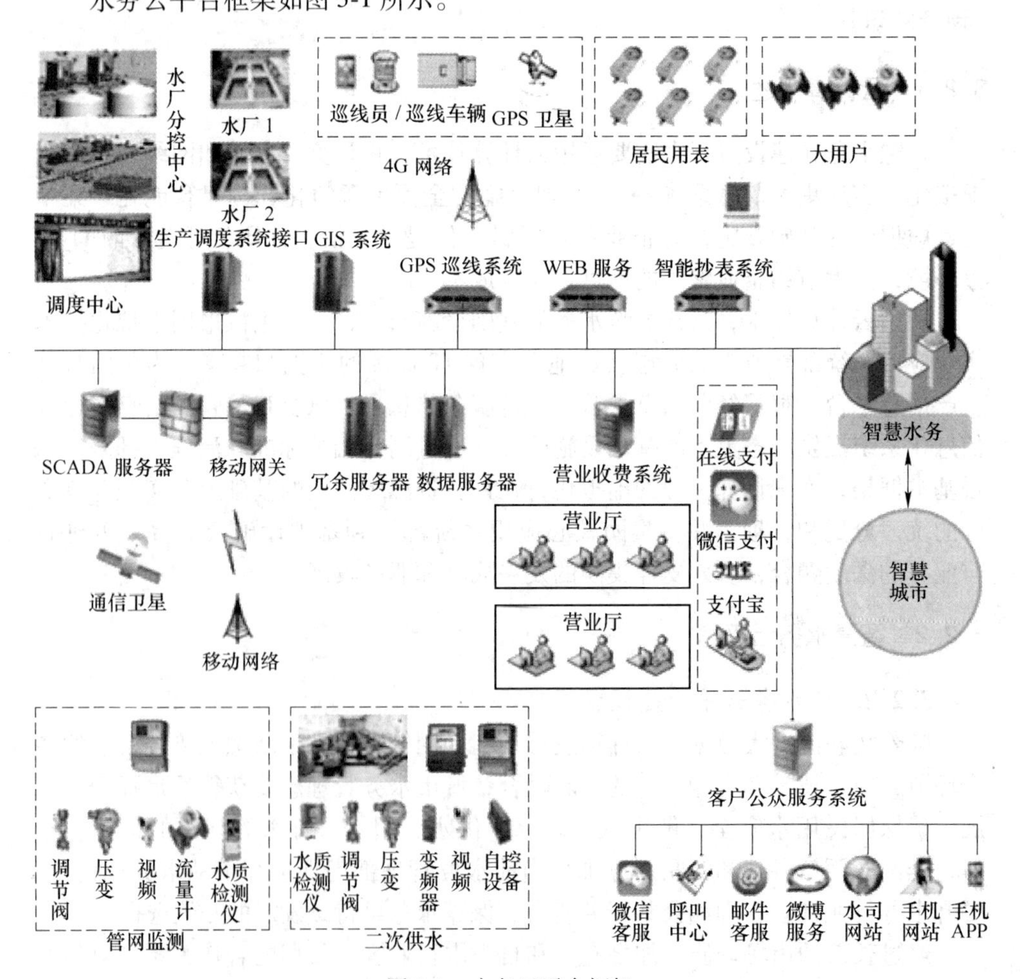

图 3-1　水务云平台框架

水务云平台主要特点：

（1）数据采集。采用 4G 移动网络技术，打破目前存在的“信息孤岛”，从水源地、取水口、生产水厂、泵站、管网、排水等实现各种传感设备（水质、压力、流量等）数据的动态采集。

（2）数据共享。数据中心是整个智慧水务的核心层，数据中心以数据为纽带连通各个应用体系，解决的核心任务是实现数据标准化、提升数据质量状况、规范系统之间的数据交换和共享机制，通过对各类系统数据源进行集中后形成企业完整的数据资产，并作为管理决策分析应用的统一数据来源。通过数据中心使各个应用体系在数据中心达到系统集成、资源整合和信息共享，为各个智慧应用、企业门户集成提供了标准化的、完整的、一致的数据来源。

（3）智能融合。新天智慧水务是一个面向业务的基础架构应用平台，该应用平台构建了智慧水务各个业务系统的互联互通渠道，使其能够很好的融合。提供可随业务需求变化的管理平台，解决定制化软件信息包袱。

（4）智慧应用。平台的关键是应用，水务的业务流程和组织不是一成不变的，而是适应社会的发展不断变化，新天采用“轻应用”架构技术解决业务需求变化系统无法升级或升级难的问题，将智慧生产、智慧管网、智慧调度、智慧营收、智慧服务和智慧办公系统作为“轻应用”部署在智慧水务平台，实现业务模块的快速升级部署。

【任务实施】

管网水质检测系统支持取水水源地、水厂进出水、管网、二次加压点、居民小区水等进行实时多参数水质检测，采用先进的在线水质监测设备及 4G 网络速传终端，结合多层次的预警预报功能，实现水质的实时连续监测和远程监控。

水质监测系统主要由水质采集分析单元、水质数据监控系统、水质在线预警系统、无线数据采集处理单元、4G 网络速传终端等部分组成。负责水样的采集、水质分析、数据的整理及远程传输，网络拓扑结构如图 3-2 所示。

主要特点：

（1）水质采集分析单元。水质测量分析仪表 pH 值测量仪、漏氯报警仪、余氯分析仪、高低浊度在线检测仪、溶解氧 DO、化学耗氧量（COD）、氨氮（NH4-N）、总有机碳（TOC）、总磷（TP）等检测分析当前水质情况。采用模块化结构，可根据需要进行随意组合。

（2）水质数据监控系统。方便现场管理，通过工业控制计算机实现对水质分析单元环境数据要素的现场监测与控制，对所监测的数据进行实现记录、分析与汇总及报表打印。

（3）水质在线预警系统。对采集到的水质数据进行分析对比，预测水质问

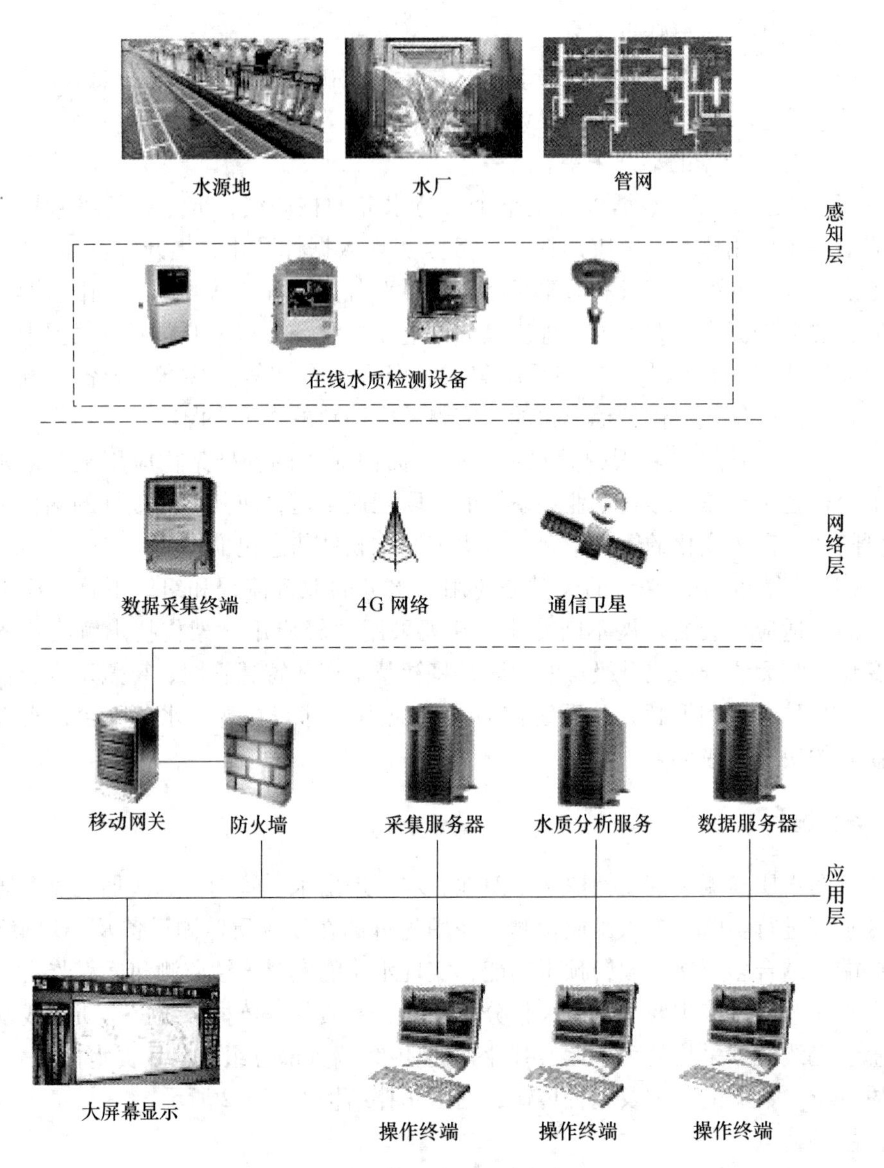

图 3-2　管网水质监测框架

题影响区域，利用公众服务平台将预警信息通知各辖区管理部门，实现水质提前预警。

(4) 远程监控中心。对各个水质监控终端的数据进行采集、整理，并形成日报、月报、年报，并对水质监控数据进行监控与分析，为环境管理工作者提供技术支撑。

系统特点：

（1）结合 GIS 地理信息系统，实时显示区域水质情况。

（2）采用国际标准测量原理，可根据实际情况配置进口或国内仪器。

（3）监测水质变化情况，超标报警。

（4）模块化设计，高可扩展性，可扩展重金属、氰化物、砷等其他污染物监测仪。

（5）无人值守、自动运行、远程监控、自动校准。

（6）系统采用抗干扰设计，并配备避雷装置，防雷电和防电磁干扰能力强。

（7）采用 GSM/GPRS 无线传输，远程异步多点采集，实现数据的采集和监控。

任务 3.3 移动互联网

【任务说明】

近年来城市建设飞速发展，供水管网不断延伸，保证供水管网的正常运行，对于供水企业显得尤为重要。无法掌握管网巡线人员执勤的到位情况，巡检工作人员按计划要求，按时按周期对所有的管线及附属设施展开巡察，使巡检工作的质量得不到保证，管线状态和设施运行数据的真实性得不到保证。无法及时掌握隐患情况并跟踪管理，很多的重大事故都因为隐患得不到及时解决或解决不彻底而造成的。无法真实掌握危及管线和附属设施安全运行的状况及可靠的记录存档，目前大多用户还在使用手写报告记录的方式记录巡检信息，保存不便，无法进行数字化分析管理，辅助决策无从实施。对发现的隐患及设备故障无法进行有效的分类统计分析，管线和附属设施的运行状况、运行参数等历史数据无法有效地被利用。

【预备知识】

3.3.1 移动互联网概述

随着移动通信技术和互联网技术和应用的飞速发展，移动互联网应用已经深入到每一个人的日常生活，也越来越多地应用到了水务企业的日常经营经营管理当中。智慧水务在建设过程中需要运用移动互联网技术，通过移动办公和掌上运维等传统业务运营支撑类移动应用，实现涉及企业内部生产管理、经营管理、服务管理与集团管控过程的内部管理移动应用，提升企业科学决策、精细化管理、营销服务的水平。

企业互联网时代正式开启，智慧水务的移动互联网应用服务将全面深入，在企业生产经营管理等各环节大面积普及，通过在集团网络内部进行移动代理服务器（MAS）植入，实现 MAS 平台与 ERP、协同办公、综合营账、外业作业管理、生产调度管理和管网 GIS 等系统的数据库对接，实现 MAS 平台对管控、办公、营销和外业作业等信息的自动获取，实现移动应用的逐步扩展。

当前，以云计算、物联网、大数据、移动互联网为代表的新一代信息技术正在带来第三次信息技术革命，信息技术正在与各个行业相融合，催生出原来难以想象的产业新形态。当前我国智慧水务建设还处于起步阶段，预计未来智慧水务将与智慧城市有机整合。

百度百科中指出：移动互联网（Mobile Internet，简称 MI）是一种通过智能移动终端，采用移动无线通信方式获取业务和服务的新兴业态，包含终端、软件和应用三个层面。终端层包括智能手机、平板电脑、电子书、MID 等；软件包括操作系统、中间件、数据库和安全软件等；应用层包括休闲娱乐类、工具媒体类、商务财经类等不同应用与服务。

移动互联网的基本特点包括以下四个方面：

（1）终端移动性。通过移动终端接入移动互联网的用户一般都处于移动之中。

（2）业务及时性。用户使用移动互联网能够随时随地获取自身或其他终端的信息，及时获取所需的服务和数据。

（3）服务便利性。由于移动终端的限制，移动互联网服务要求操作简便，响应时间短。

（4）业务/终端/网络的强关联性。实现移动互联网服务需要同时具备移动终端、接入网络和运营商提供的业务三项基本条件。

移动互联网的业务主要包括以下三大类：

（1）固定互联网业务向移动终端的复制。实现移动互联网与固定互联网相似的业务体验，这是移动互联网业务发展的基础。

（2）移动通信业务的互联网化。使移动通信原有业务互联网化，目前此类业务并不太多，如意大利的“3 公司”与“Skype 公司”合作推出的移动 VoIP 业务。

（3）融合移动通信与互联网特点进行的业务创新。将移动通信的网络能力与互联网的网络与应用能力进行聚合，从而创新出适合移动终端的互联网业务，如移动 Web2.0 业务、移动位置类互联网业务等，这也是移动互联网有别于固定互联网的发展方向。

3.3.2 移动互联网的智慧水务服务应用

3.3.2.1 移动互联实现原理

系统集计算机、软件、无线通信等技术于一体，由移动平台（手机，平板等）、通信网络（电信、移动、联通）、服务器终端、APP 软件等 4 部分组成。

普通用户使用 APP 软件可以通过无线网络与服务器内数据库进行交换。数据自动监测等装置可以单向传输至服务器。高级用户或工作人员可以对服务器内数据进行处理后反馈。整个 APP 系统仅作为数据交换的平台使用。

根据用户需要获取的信息资源的不同，APP 软件可以进行主动触发（条件性触发）、被动触发（非条件性触发）或授权获得两种方式，提高信息获取的安全性，如图 3-3 所示。

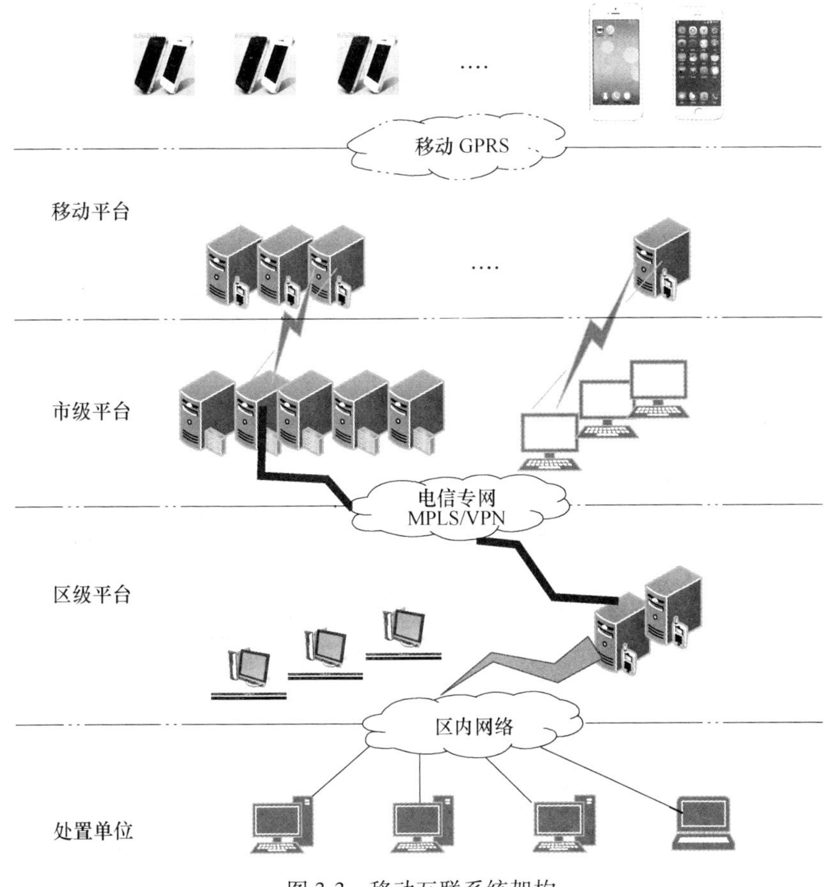

图 3-3 移动互联系统架构

3.3.2.2 水务管理 APP 实际应用

A 社会监管

通过安全、工程、防汛安全、执法、市民提意见检查，整改过程中、整改完成中的资料比对，直观了解整改的效果。通过 GPS 定位，可以直观了解检查人员的到位情况，通过检查人员上传照片等形式确定实际情况。

B　对内管理

防汛墙检查、河道巡查、防汛抢险、应急事件处理效率：对室外工作人员的工作进行监督，提升管理能力，确保检查、巡逻等工作落实到位。

通过 GPS 定位直接获得工作人员位置信息，便于领导把握工作人员的工作情况，做出安排。工作人员可以通过图像上传等功能，及时上传图像至数据库。

C　业务工作

蓝线、方案、审批功能实现方式：将提出申请的单位或个人的手机号接入系统，对应相关申请事件，并对申请事件建立属性（处理中、需整改、处理完成请取件）。在使用人用申请时填写的手机登录系统时，自动弹出相关进度，可以在一定程度上加大信息公开的力度。提高对企业、个人的服务效果。

D　实时信息

雨情、水情、道路积水、水质、窨井盖由水务各单位采集各类雨情、水情、道路积水、水质、窨井盖等监测点相关情况汇总，纳入市、区平台服务器数据库，结合 GPS 手机定位获得使用者的位置信息或手动输入的位置信息，利用 APP 系统中的地图服务或短信服务，让使用者获得所需资料。同时，对社会人员反馈的相关信息进行筛选，增加水务系统获知相关信息的渠道，及时做出相应安排，提升社会服务能力。

【任务实施】

智能 GPS 管网巡检系统采用 GPS 卫星定位技术、GIS 地理信息技术、GPRS/3G 网络通信技术、LBS 基站定位技术及互联网传感技术等前沿科技研制开发。实现管网运行进行维护与管理，日常安全设施的巡视检查及维修人员的任务监管、实时跟踪、隐患问题汇报，及调度派工等信息化管理方面的需求。使巡检的质量、管线的健康、设施的安全、供水的稳定运行得到持续保证，网络拓扑结构如图 3-4 所示。

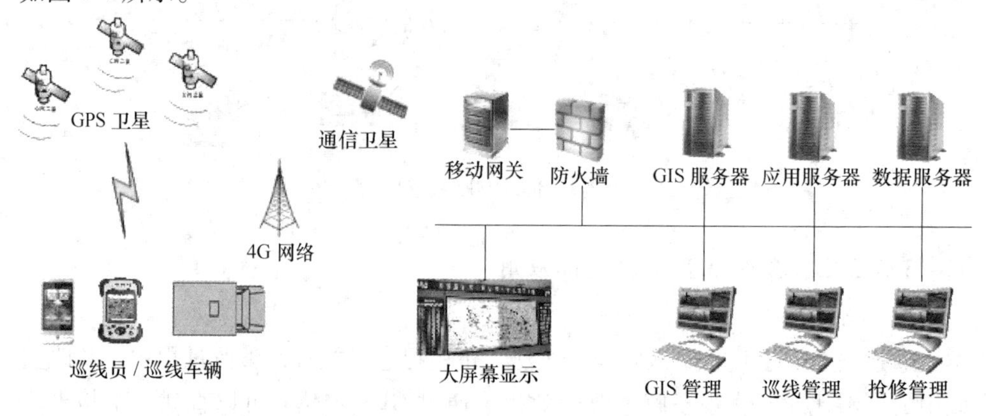

图 3-4　GPS 智能巡检系统网络拓扑结构

主要特点：

（1）多种平台移动终端支持。支持 ANDROID、IOS、WINDOW PHONE 等多种移动终端实时定位。

（2）标记上报更新。在施工和巡检过程中，持手持机或手机，直接将管网设备提供至服务器中，服务器根据提交的标记信息维护和配置系统的设备信息，方便维护人员对现场设备进行实际维护，如图 3-5 所示。

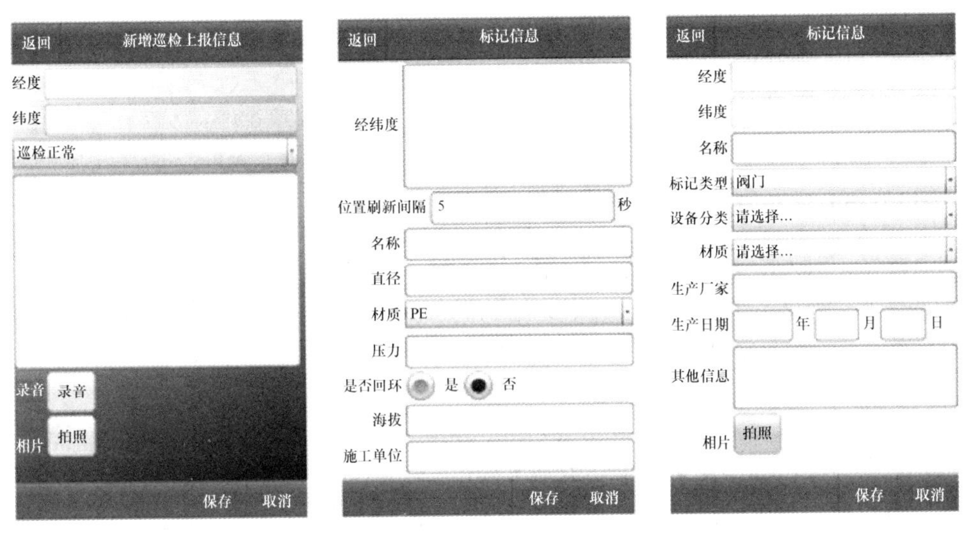

图 3-5　标记更新 APP 截图

（3）管线上报更新。在管网施工和维护时，施工人员持手持机或手机的管线绘制功能，沿着新的实际管线行走，完成后进行提交，可以将新的管线信息提交到服务器重成管网模型。

（4）设备状况上报。施工和维护的过程中，可使用该功能提交设备的最新状态到服务器中。管理人员可以实时了解管网的现状，做出维护计划。

（5）巡检定位。可显示系统中所有巡检车辆和人员的实时位置、历史轨迹等。能直观显示每个人员和车辆，点击车辆和人员时能看到车辆和人员的位置描述、海拔、速度、方向等信息。

（6）巡检轨迹回放。通过系统的轨迹回放，可以查询、查看系统的人员、车辆的轨迹情况，重现巡检现场情况。人员的巡检路线、车辆的行驶路线。

（7）巡检上报。巡检人员通过巡检上报功能，可将现场的巡检情况，以照片、录音、文字的形式提交到服务中心，方便巡检的日常记录，为以后的维护检修提供日常的运行情况。

（8）调度、任务下达。调度中心指挥人员可以通过此功能把巡检任务或紧急事件处理情况下发到巡线人员，巡线人员根据调度任务导航到事发地点，以最快的速度进行巡检或处理事故。

系统的手机端可以查看爆管、检修、报警等，从监控中心下发的任务并可以通过导航将手机持有人导航到检修和爆管地点。

（9）巡线报表分析。对线路、单位或人员巡检完成情况进行综合评估并生成报表、生成漏检报表。

关键技术：

（1）GPS 全球卫星定位系统；

（2）GIS 地理信息系统；

（3）4G 移动技术；

（4）LBS 基站定位技术。

【项目总结】

首先，引入了大数据概念，介绍水务大数据的发展现状；然后，阐述了云计算的概念，给出了水务云平台的框架结构图；最后，导入了移动互联网的系统架构，并详细介绍了 GPS 智能巡检系统网络拓扑结构。

【项目考核】

（1）应用性创新水务云平台框架系统。

（2）熟练使用智能巡检系统 APP。

【项目实训】

如何通过手机 APP 进行水量抄表？

练习如何运用 APP 中的各项功能以及注意事项，包括抄表任务、催缴任务的数据下载；进入未抄表用户、未催缴用户界面可进行抄表数据录入和催缴结果录入；抄表催缴过程中利用系统工具进行拍照取证、修改电话号码、绑定水表 GPS 位置、修改水表状态；发现管线及设施故障如何提交维修申请；发现违章用水如何提交稽查申请；所有的信息都可以通过手机通信网络实时上传到服务器上。

促使每位使用者都感受到智能抄表 APP 系统对今后工作带来的方便与快捷，同时也应提出对该 APP 系统的一些建议并逐一登记，建议结果将提交给信息技术部，以利于认真分析合理采纳，及时联系软件商对系统进行修改完善。

项目4　水务数据资源

【项目导读】

随着数据采集手段的改进、信息化程度的大大提高，尤其是互联网工具的应用，数据的收集量有一个海量的增加，故数据在量上取得突破，从而引发了质的突变。

海量水务数据的收集，面临着对水务数据标准体系的建设、水务数据资源的逻辑划分，这样使得对水务数据库、水务数据表的存储变为可能。面对多、乱、杂的水务数据需要对水务数据进行归类整合并形成方案，水务大数据关键技术剖析，尤其是数据存储技术，异构数据共享技术；最终，国家建设水利大数据中心交换平台，以利于水务数据共享，为各级各部门的领导决策提供数据支撑。

【知识目标】

（1）了解水务数据的标准体系。
（2）了解水利信息化标准建设措施。
（3）掌握水务数据资源的逻辑划分。
（4）理解水务数据交换平台总体架构图。
（5）掌握国家水利数据中心的“三级两域四区”。
（6）理解水务数据数据库架构。
（7）理解水务主题数据的划分。

【技能目标】

（1）掌握水务数据资源的逻辑划分。
（2）掌握水务数据库的划分。
（3）具备水务数据整合的能力。

任务4.1　水务数据的标准体系

【任务说明】

面对海量的水务大数据，如何对数据进行逻辑划分、归类。

【预备知识】

4.1.1　标准及体系

4.1.1.1　标准编制目标

水利信息化技术标准及其体系编制目的是以承载水利信息的数据为核心，构建反映水利信息生命周期内相对稳定的各环节水利信息化技术标准的体系框架，同时也能满足水事活动不断发展变化对水利信息化技术标准能够不断扩充的需要，即既有相对稳定的体系结构，又有有序扩展的灵活空间。最终为水利信息网互联互通、水利信息资源共享、水利应用协同与智能化应用及水利现代化提供信息技术保障。

4.1.1.2　标准体系

水利信息化技术标准涉及方方面面，构建一个相对稳定的技术标准体系需要找到一个相对稳定的技术脉络，然后顺着需要规范的各关键技术环节制定信息化技术标准并构成体系。水利信息化与其他行业的信息化一样，关键是对信息化全过程中各个信息形态进行规范，因此，应从信息采集、传输交换、存储、表达、产品生产与服务 5 个关键环节，以及保障关键环节实现的建设管理、运行维护两个方面，构建水利信息化技术标准体系。

4.1.1.3　标准分类

水利信息化技术标准共分为分类编码、传输交换、数据存储、图示表达、产品服务、建设管理和运行维护七大类，具体分析如下。

（1）分类编码。分类编码又细分为对象、信息两小类分类与编码，用于规范对象的分类及其代码的编制，以及每类对象特征信息的分类及其代码的编制，规范对象和信息的分类与代码，主要解决信息语义的一致性问题。

（2）传输交换。根据传统通信和计算机网络 2 种形式，传输交换又细分为通信传输规范和数据交换规约两小类，主要解决测站至网络端点之间的数据传输及计算机网络中节点之间的数据交换问题。

（3）数据存储。数据存储涉及各水利领域应用所需数据的存储与管理，统一表结构和标识符，以方便各级各类建立同类数据库及数据库之间的数据复制和信息共享。

（4）图示表达。图示表达试图解决各种水利信息表达形式规范化问题，避免因表达形式不同，给信息使用人员造成理解上的困难。

（5）产品服务。产品服务用来规范各种水利信息产品生产的输入、算法、输出及服务规范，以保障产品服务质量。

（6）建设管理和运行维护。用来规范水利信息化项目的建设管理和水利信息系统的运行维护，为确保水利信息从采集开始直至各种产品服务能够按照既定的流程达成既定目标。

水利信息化技术标准体系的七大类保持相对稳定，每类水利信息化技术标准负责确定一方面技术规范，类与类之间保持相对独立，不存在内容交集，七大类共同构成水利信息化技术标准全集。在每类中，水利信息化技术标准之间遵从“相对独立、内容互补、交集为空、并集为全”的原则，每类中的第一部分为总则，对该类中技术标准的共性和其他部分应遵守的规则进行集中统一规定，形成协调一致的总体规则，避免因每部分分散描述造成不一致等一系列问题；每类中从第二部分起属于动态扩展部分，扩展原则是后续增加部分，从定义到具体内容不得与总则和前述部分内容出现重复，每类中所有部分技术标准的并集形成该部分技术标准的全集，任何两部分技术标准的交集为空。

4.1.1.4 体系构成

水利信息化技术标准体系分为七大类九小类，每类由若干部分组成，根据水利信息化实际需要及相应工作成熟程度，目前考虑的水利信息化技术标准体系的构成及其关系如下：

(1) 水利对象分类与编码包括六部分。第一部分是总则，对各类水利对象代码的编制规则进行规定，保障各部分编制对象代码时遵循同样规则，属于上位标准，其余部分制定具体水利对象代码时，应按照第一部分总则制定的规则进行编制；第二部分是河流、湖泊，属于自然类水利对象，在全国范围内对一定规模的河流湖泊采用统一规则集中编码，保障各级使用对象代码的一致性；第三部分是测站，是水利动态信息采集的重要设施；第四部分是水利工程，是开展水事活动的重要设施；第五部分是水利区划，是开展分区域实施水利管理的重要支撑；第六部分是水利单位，是开展水事活动的行为主体。

(2) 水利信息分类与编码包括八部分。第一部分是总则，对各类水利对象属性分类代码的编制规则进行规定，保障各部分编制分类代码时遵循同样规则，属于上位标准，其余部分制定具体水利对象属性分类代码时，应按照第一部分总则制定的规则进行编制；第二~八部分目前分别是防汛抗旱、水文、水资源、水土保持、水利工程管理、水利政务、固定资产管理等 7 个业务领域，针对前述水利对象的属性，按照“一数一源”，由该水利对象属性特征产生业务定义该对象属性的分类与代码，其他业务领域只是引用，避免不同业务领域对同一对象、属性进行重复定义，造成技术标准之间产生矛盾和不一致，如水文测站分类的代码应该由第三部分水文进行明确，其他业务领域应用其代码即可，其余部分不应规定水文测站分类并赋代码。

(3) 水利数据传输规约包括五部分。第一部分是总则，规定传输各类水利信息应遵守的规约，保障在中心站使用一套设备接收各种自动监测系统发送的水利信息，只要在软件上支持对不同业务监测信息的解码软件即可；第二~五部分目前分别是水文、水资源、水利工程和水土保持监测信息传输的具体业务内容及其编码规定，这些规定一方面可保障不同厂家开发的软件能够互联互通，另一方面也使在相应系统建设中引入竞争机制成为可能。

（4）水利数据交换规约包括六部分。第一部分是总则，规定网络条件下交换各种水利信息应遵守的规约，保障各种信息可以在同一平台下完成数据交换；第二~五部分目前主要考虑比较成熟的水文、水资源、水利工程、水土保持监测信息在网络上交换的具体业务内容及其编码规定；第六部分是水利空间数据在网络上交换的内容及其编码规定，便于在地图服务支撑下，各种水利应用基于统一平台开展水利对象空间数据采集和交换。本类还应支持水利业务应用协同的数据交换，鉴于目前该部分应用还不够规范，所以暂时没有安排相应技术标准的制定计划，随着水利信息化的深入发展，本类将会得到丰富和发展。

（5）水利数据库表结构与标识符包括十五部分。第一部分是总则，规定其余各部分编制该部分数据库表结构与标识符时应遵守的规则，明确数据库表结构的组织原则、标识符格式及其编写规则等；第二部分是对象基础信息数据库，是水利数据中心开展对象管理、确保对象唯一性的关键数据库，是建立不同对象之间空间和业务关系的纽带，在理想构建的水利信息空间中，该数据库中的对象是所有水利信息涉及对象的全集，其他业务数据库涉及的对象集合是该数据库中对象的子集，该数据库主要存储对象标识和主要特征等信息；第三~十五部分分别是河流湖泊、防汛抗旱、水文、水资源、水利工程管理、农村水利、水土保持、农村水电、水利移民、水利人才、水利科技、水利政务和水利空间等业务专用数据库，是支撑各种水利应用的数据源，承载完整、全面、一致、准确地记录该业务领域活动的过程及其最终成果信息。

（6）水利图示表达目前包括二部分。第一部分是总则，规定水利信息进行图示化表达时的总体规定和要求；第二部分是水利空间，主要对水利空间信息在地图上的展示进行规定，保障制作的各种纸质和电子地图具有良好的可读性和一致性。除水利空间外，还有许多水利信息图示化表达要求，如水文过程线、水面线、水位示意图、统计图等，鉴于目前归纳整理不够，同时也存在成熟程度问题，暂时没有安排相应技术标准的制定计划，待将来成熟后再按照前述扩展原则进行补充完善。

（7）水利信息产品服务包括三部分。第一部分是总则，对水利信息产品生产和质量控制的总体流程进行规定，明确各种产品服务注册、发布、绑定、运行等一系列通用技术规定，为服务协同工作奠定技术基础，确保按此规定开发的不同服务能够在同一平台上实现聚合，实现服务的管理和持续成长；第二部分是目录服务，在元数据的基础上，对各种水利数据和服务目录提供一个在水利系统相对稳定的目录架构，方便各级各类数据和服务等目录的聚集和协同；第三部分是空间服务，根据水利空间数据特点，将空间服务划分为国家、水利基础地理和水利业务专题，按照统一技术要求构建的空间服务能够服务于各种水利应用。

（8）水利信息化建设管理包括六部分。第一部分是总则，对每类信息化项目建设管理的共性问题进行明确和规定，提高建设管理的规范性；第二部分是前期及初步设计，明确水利信息化建设项目的前期和初步设计工作应有的工作程序和任务，以及应达到的工作深度；第三～五部分分别是通信、网络系统和水利数据中心建设在总则下的具体技术规定，明确各部分建设应有的工作程序、内容和应达到的技术深度；第六部分是项目验收，明确水利信息化建设项目验收的条件、程序、内容和标准等。

（9）水利信息系统运行管理包括四部分。第一部分是总则，对水利信息化有关系统运行维护的共性问题进行明确和规定，提高系统运行维护的规范性，主要涉及运行维护的岗位、职责、制度、突发事件处置、相关信息上报与处理等。第二～四部分分别是通信、网络系统和水利数据中心运行维护在总则下的具体技术规定，保障各部分运行维护事项落到实处。

4.1.2　水利信息化标准建设措施

近年来，水利信息化标准编制工作有了长足发展，但也存在一些问题，如标准的前期研究不充分，在标准立项过程中，标准与标准之间的关系分析不够，有些应该先完成的没有编制，后面的标准却出台了，因此需要加强标准与标准之间的协调工作，特别是标准颁布后的贯标工作亟待加强。目前，结合水利信息化建设和水利系统自身特点编制的水利信息化标准相对较少；从事研究编制水利信息化标准的专业人员较少，对水利信息化标准的认识还不够，投入也严重不足。总体上，水利信息化标准工作要进一步加强，需优先于水利信息化建设发展。为进一步做好水利信息化标准的研制及实施工作，提出以下措施：

（1）组织机构。水利信息化标准的研制需要有稳定的管理工作班子，工作人员应较长期地从事调查、研究、组织等一系列综合性管理工作，必须了解标准化知识，了解信息技术与信息化发展趋势，同时还要了解水利专业，是水利行业的多面手。考虑到水利信息化标准涉及的学科专业多，应建立由行业内外各方面专家组成并相对稳定的咨询组织。

（2）资金投入。标准制订要有必要的经费投入，确保研究和编制工作顺利进行，特别是前期的研究投入，应作为重点加以保障。

（3）标准关系研究。要对制定、修订标准的各个环节进行深入研究。在标准立项阶段，要深入研究标准立项先后顺序，急需的标准先编制；在标准编制初级阶段，要深入调查研究，按水利标准编制的相关规定，把握好大刚初稿编制及相关标准的协调工作；在标准征求意见阶段，提高征求意见的效率；在标准送审阶段，提高审查质量，加快审查速度；在标准报批发布阶段，保证标准编写质量，同时简化报批环节，尽快出版。

（4）人才队伍建设。加快信息化标准专业队伍建设，创造条件，通过培训等方式在水利行业内造就一批综合掌握标准化、信息技术和水利专业的知识，有一定协调能力、较高外语水平和中文修养的复合型人才。

（5）标准贯标与宣传。标准制定完成后，还应加大贯标力度，除进行贯标培训外，还应制定实施标准的相关行政文件与措施，实现技术标准与行政措施的有机融合，明确不贯彻执行或违反标准的处理规定，为标准的执行创造基本条件，并据此监督和检查标准贯彻执行情况。

4.1.3 水务数据资源逻辑划分

按数据类型划分，水务数据资源可分为属性和空间 2 种数据。根据数据存储结构的不同，属性数据又分为结构和多媒体 2 类数据。结构数据是整个智慧水务数据资源的主体，按照更新频率的不同又可分为监测、基础和业务等数据，具体如图 4-1 所示。

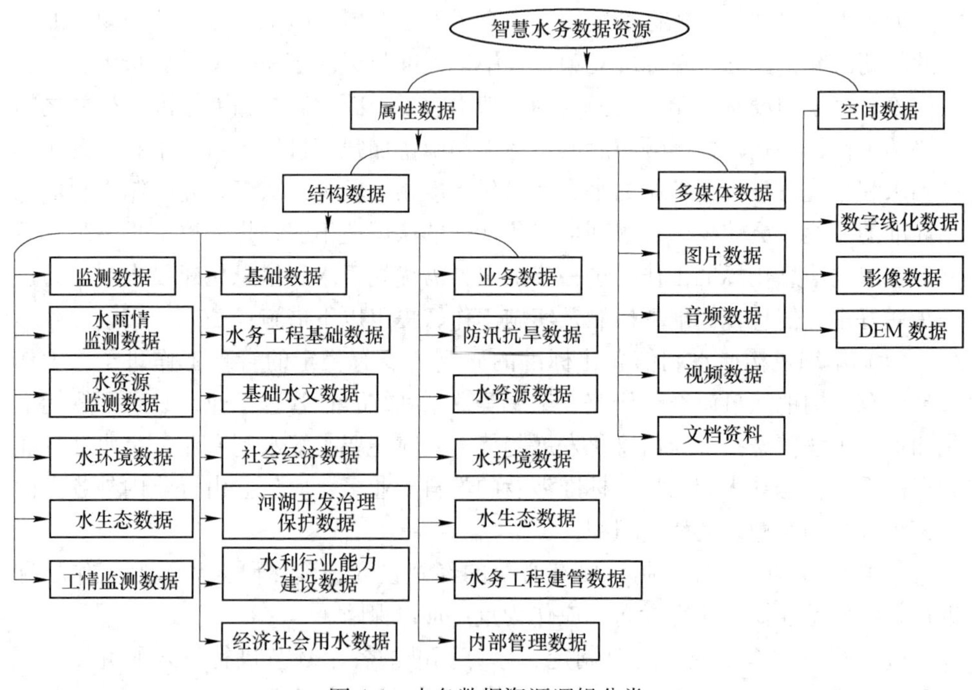

图 4-1 水务数据资源逻辑分类

【任务实施】

详情请参阅本节预备知识或查阅相关资料。

任务 4.2　水务数据交换平台设计与数据库分析

【任务说明】

了解水务数据交换平台功能，熟悉国家水利数据中心交换平台，掌握水务数据库架构如何划分。

【预备知识】

4.2.1　水务数据交换平台功能设计

4.2.1.1　交换节点管理

交换节点管理主要以实现中央、流域和省等三级交换节点的注册、配置和查询等功能，对于三种业务功能，交换平台以门户访问和 Web 服务调用等方式对外提供服务。

交换节点注册供交换节点管理员，依据节点元数据规范，向交换平台进行注册。注册信息参考北京市地方标准《政务信息资源共享交换平台技术规范第三部分：政务信息资源交换管理》，主要包括节点名称、类型、编码，以及数据交换功能描述（本节点具备的交换能力，例如具备 FTP、TongGTP 和 TongLinkQ 的交换功能软件）、交换节点的类型（由交换节点配置功能进行管理）。

交换节点配置用以支持交换节点管理者配置交换节点的类型（接收、发送、混合，以及本节点能够接收和发送的数据类型）。类型配置修改后，需要再次提交到交换平台进行审核通过后生效。交换节点的交换能力可以通过逐步构建的交换业务系统得到丰富和完善。

水利数据交换平台通过交换节点注册形成交换节点目录服务，通过交换节点查询功能提供按类型、状态查询各个交换节点的情况。

基于统一规划、分步实施的原则，中央、流域和省级交换节点可以根据基础设施情况（例如政务内外网的网络条件、软硬件设施等）逐步构建交换节点，节点建设完成后，通过节点注册接入交换平台，逐步形成对“三级两域四区”数据交换的需求。

交换平台总体架构如图 4-2 所示。

4.2.1.2　交换服务管理

交换服务是指交换节点为实现水利信息资源的交换而提供的一组对数据操作的集合。为了实现交换服务的可生长性，交换服务采用平台统一规划、交换节点

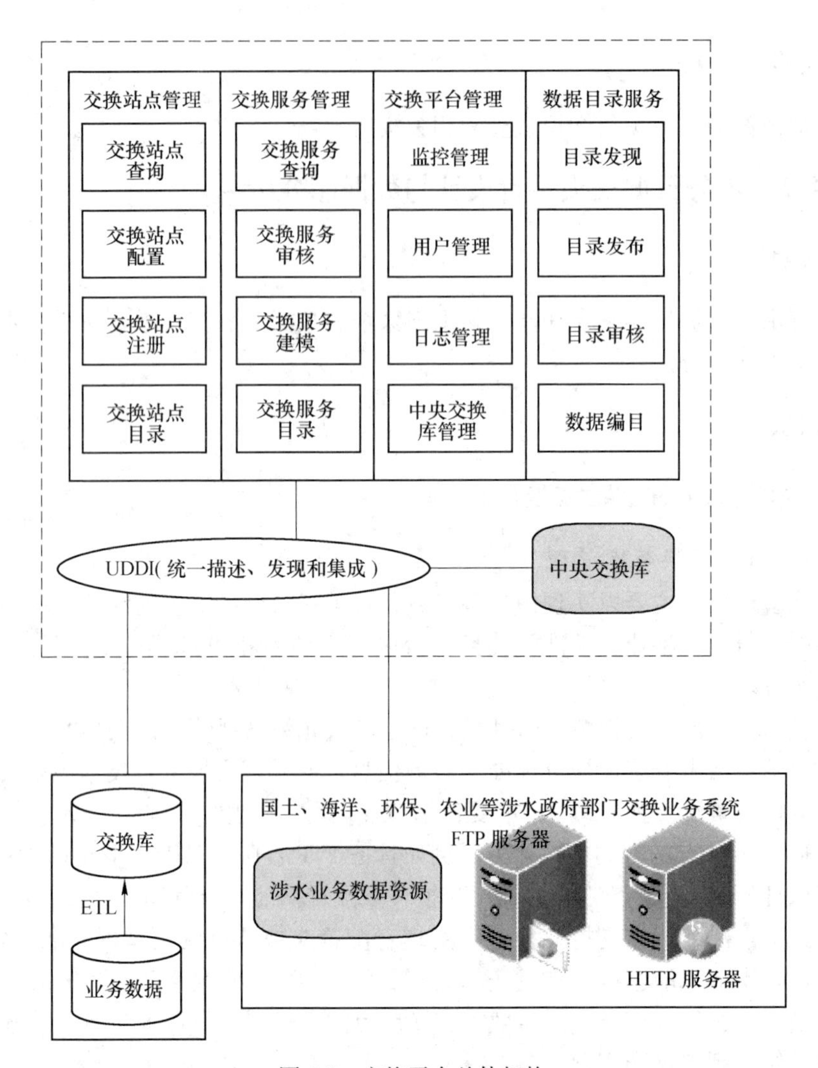

图 4-2　交换平台总体架构

分别建设实施的模式进行构建，各级交换节点依据交换平台的服务配置指令进行服务构建与运行维护。三级数据交换节点构建的交换服务须经交换平台审核后发布成为交换服务目录，提供给数据拥有者和使用者使用，以保证交换服务的全局通用性（通过服务构建可以将交换节点现有的交换基础设施进行公用，达到兼顾现有交换系统的目的）。交换服务管理用以实现各级交换节点交换服务的建模、发布和查询。

交换服务建模用以支持在交换节点交换软硬件基础设施之上，根据交换业务需求生成数据交换服务的构建指令，交由交换节点进行构建，建立起交换节点间的数据交换能力。交换服务审核用以审查交换平台管理者交换节点构建的服务是否符合交换平台的服务构建指令和接口规范；并将审查通过的交换服务发布成为交换服务目录。交换平台支持以门户和 Web 服务等方式查询交换服务目录获取相应的交换服务。

4.2.1.3　数据目录服务

交换平台提供对数据资源的共享服务功能，支持数据拥有者将需要交换的数据（包括中央交换库的数据资源）发布成为目录服务，以便数据使用者订阅与获取。数据目录服务包括资源编目、目录审核、发布和发现等基本功能，并支持以 Web 服务和门户等方式向外提供服务。

资源编目用以提供数据资源核心元数据的编辑功能，并对数据资源核心元数据中的分类信息进行赋值，实现元数据到交换平台汇集。通过建立相应的审核系统，平台管理者确认提供者提交的数据资源元数据是符合标准要求的，审核通过进行入库操作，未通过审核的元数据返回给提供者修改。平台管理者通过部署于中央节点的目录服务器，把数据资源核心元数据发布到交换门户系统上，实现数据目录的发布。目录发现用以为应用系统提供标准的调用接口，支持公共资源核心元数据的查询；提供无关键字的目录浏览、单条件的快速定位和多关键字组合的精确定位等方式的多途径目录内容查询。

4.2.2　国家水利数据中心交换平台

4.2.2.1　交换平台概述

国家水利数据中心总体布局为“三级两域四区”，国家、流域和省级节点组成三级节点，政务内网和外网形成两域，并根据保密和访问权限分为 A、B、C、D 四区，其中 A 区完全开放，B 区运行于政务外网，C 区运行于政务内网，D 区为本级政府首脑机关提供特殊信息服务，如图 4-3 所示。水利信息资源分布存储于这些数据节点中，数据间具有不同的保密等级，信息交换体系需要支撑三级之间，以及各节点内部不同区域之间信息交换的实现。

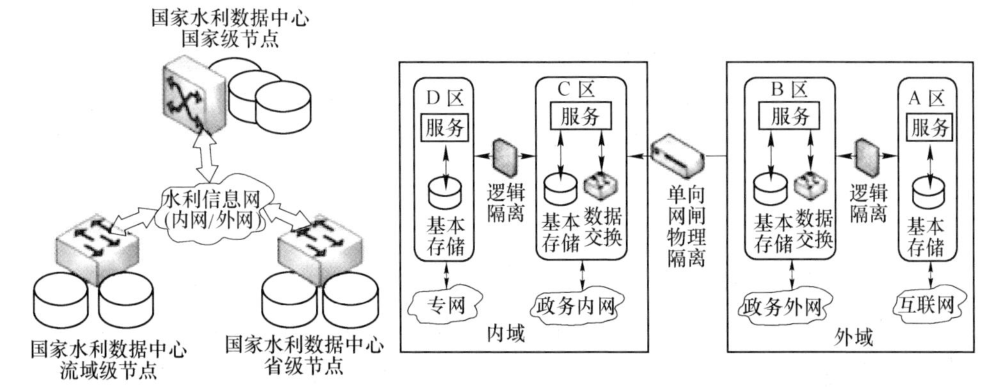

图 4-3　国家水利数据中心的“三级两域四区”

水利领域长期的信息化实践积累了大量的数据资源，从采集方式视角归纳如下：实时监测信息，主要包括水文观测（地表地下水量水质状态等信息）、水利设施在线运行状态、用水户用水排水等信息；通过自身业务办理过程搜集整理或不定期专项调查获得的信息；通过与国土、环保、气象和农业等政府涉水部门交换获得的信息资源。这些数据又以结构化、非结构化和半结构化等形式，分散地利用文件、数据库等各种系统存储于国家水利数据中心各级节点（数据中心内部亦分布存储），形成模式各异数据资源。这就要求，数据交换平台不仅要支持中央、流域和地方内网/外网的数据交换（甚至是面向水利行业外的涉水政府部门以社会大众的数据交换需求），也要支持结构化、非结构化、半结构化等多种数据格式的交换。

在现有数据的基础之上，国家防汛抗旱指挥系统（2 期）、水资源监控能力建设项目等的开展也为水利大数据提供了持续更新的能力。此外，随着水利信息化进程的不断推进，水利业务应用将日益增加，新生数据交换需求旺盛。水利数据交换平台还需具备前瞻性，不能以特定的专用数据交换系统为目标，要保障先期建设的数据交换系统能够为后续的数据交换需求提供基础，面对新生数据交换需求时，能够对后续建设系统进行指导，快速利用现有交换资源，尽可能少地进行新的建设就能快速形成解决方案，满足新的交换需求；构建起分布数据资源和交换服务目录，以形成可以“生长”的水利交换平台。

4.2.2.2　数据中心

本节以浙江杭州高新区的建设发展为例进行介绍。

高新水务信息化建设首先面临的问题是对现有应用系统的整合，以达到信息互联互通数据共享的目的。通过建设高新水务 7 大标准，从全局角度对系统的数据结构进行统一标准、统一规划；规范服务于不同的业务领域的应用系统，规范不同的技术、基础架构异构、底层数据结构定义，规范设计各应用系统的交换数据及方式等，使得各系统之间实现数据共享以及跨系统的业务流程。实现数据管理平台的数据服务和交换中心的基础数据，提供给辅助决策核心数据库的统计数据。内容包括数据集中、应用集成、数据共享、数据中心、数据统计等。

A　数据中心平台的应用模式

针对高新水务的数据中心平台应用，如图 4-4 所示，主要包含 2 个层次：(1) 数据中心根据各系统中采集数据到数据中心平台，再通过该交换平台将中心数据分发到对口业务处理系统。(2) 各系统之间通过数据中心平台实现共享数据。

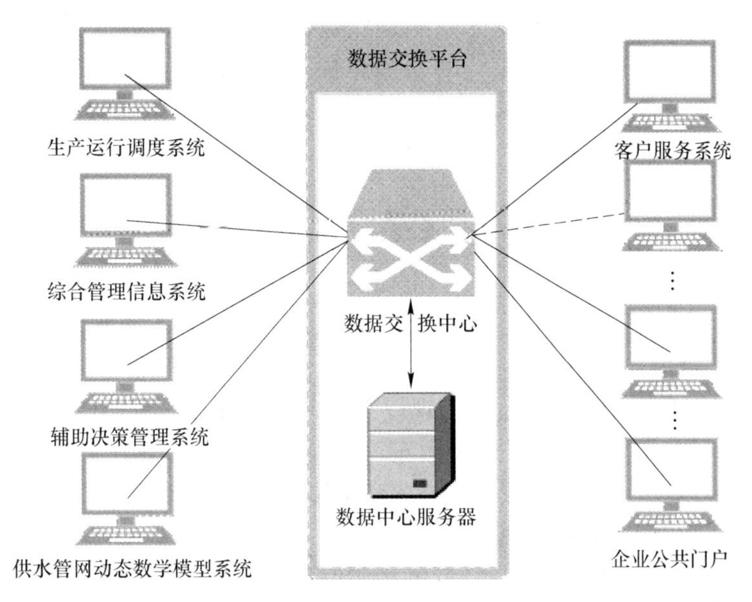

图 4-4　高新水务数据中心平台

B　数据中心内容

数据中心不仅仅是要完成基础数据的标准建立、业务数据的交互，同时还要完成数据的组合查询、信息分析、信息输出等功能。

（1）基础数据。基础数据作为高新水务所有系统的基础数据统一使用，基础数据的新增、修改、删除等工作由分配权限的系统来统一进行。

（2）数据交换。通过数据中心共享平台，满足目前和将来业务发展的需要。在该数据中心平台中，包括企业数据/应用整合和业务流程管理：数据/应用整合平台将各种应用进行数据整合和信息共享；业务流程平台提供各种业务流程模型的实现和整合，帮助提高整体的工作效率，提高自身的竞争力。通过数据中心平台在各个系统之间可以实现定时轮询、实时模式的数据流程实现，通过 Web Services 机制同时集成了各系统之间的数据共享。

（3）数据综合查询。通过数据中心平台数据综合查询不仅可以用于数据信息查询，而且可以对查询结果进行数据维护与确认、数据转储；可以进行单条件查询、多条件查询，还可以进行模糊查询（匹配查询），并可对查询结果排序。系统建立了灵活的数据备份机制，可以对各种查询条件结果的备份。

4.2.3　水务数据库框架分析及划分

4.2.3.1　水务数据库现状及特点

按照其类型和用途，现有的与水务有关的数据可分为以下四类：

（1）现状数据。主要包括水资源现状数据、基础地形数据和一定数量的卫星影像数据。水资源现状数据为对水资源普查成果，包括河道现状、水资源现状、水环境现状和水利工程现状等；基础地形数据为测绘院提供的多比例尺地形图资料；卫星影像数据覆盖了一定区域的所有地理信息。

（2）规划数据。主要包括水功能区划数据、河道蓝线编制图、水务总体规划报告、行政区域总体规划报告、各区域的相关详细规划数据，包括各专题规划报告。

（3）项目数据。与项目相关的合同文本、项目管理以及项目成果报告等数据，主要为 office 文档格式。

（4）辅助数据。主要为行业法规以及相关的标准等信息，如部、局颁文件，专业规划的行业批复，相关的行业政策、法规和标准等文件。

现有规划业务所涉及的数据在格式和来源上表现为多源性的特征，反映出水务行业内信息化标准薄弱的现状。

（1）信息多源。这里的来源多源并非信息采集方面的多源，而是从具体规划业务收集以及水务系统内部所能提供的数据来说的，数据的多样性造成了数据精度不同、坐标及高程系统不统一等问题，同时导致数据量比较大，真正用于规划参考的信息不多。

（2）格式多元。对现有数据格式进行分类，主要为：1）CAD 格式，常用的图形表达格式，几何要素比较齐全，但属性信息欠缺，主要使用地图图层和注记表达属性，但图层定义五花八门，缺乏统一的规定；2）ArcGIS 数据格式，主要有 Shape、Coverage 格式，为水资源普查和水功能区划提供；3）MAPINFO 数据格式，将图形和属性一起管理，并内置关系数据库，实现了与数据库的自动连接和双向查询。该格式数据由部分区县的水资源普查资料提供，同时也是部分规划成果表现的通用工具；4）JPEG 影像格式，为常用图像存储格式，蓝线划示的扫描图、现场照片等大多数采用此格式；5）ECW（ER Mapper Compressed Wave—let，简称 ECW），在压缩处理尺寸大、分辨率高、数据量庞大的遥感图像方面具有得天独厚的优势，为卫星图片处理后的格式；6）其他格式，主要为 office 格式文件、数据库格式文件等。

总的来说，目前现状规划业务数据主要存在以下问题：

（1）数据缺乏针对性。虽然水资源普查数据比较全面，但其侧重于管理需要，与规划业务需要脱节，部分资料需要转换后使用。

（2）数据缺乏更新。很多数据都是几年之前的数据，没有及时进行更新，时效性差。

（3）数据格式过于复杂，缺乏联系。数据格式多种多样，而难以进行共享，接口问题亟待解决。

（4）规划成果缺乏标准。规划业务的延续性、相关性较强，规划成果或方案是其他后续规划业务的重要参考信息来源，但规划成果主要为 office 和 CAD 格式，虽然图形信息比较丰富，但属性信息缺乏，利用效率低下。

（5）数据质量参差不齐。专业测绘部门提供的电子地图质量比较高，图层定义比较明确，但其中存在坐标系统、高程系统不匹配的问题。

4.2.3.2 水务数据库划分

本节以广州市水务行业信息的数据资源为例进行分析。

本项目采用分布式数据库系统，其中，市局为一级结点，区（县）为二级结点。各级数据库统一以《标准体系》为基础，统一数据库结构，以便于数据交换和数据共享，数据库的维护和管理不存在依赖关系。

（1）基础水务业务数据库。水务信息系统的非空间数据采用分布式数据库，水务空间数据采用集中存储方案。水务数据中心业务数据库存储十二大类业务数据，为业务应用系统的开发和数据仓库的建设奠定基础。

（2）数据共享交换库。数据共享交换库部署在前置机。介于两级数据中心的用于管理数据交换、共享的一套机制。共享交换库内的库结构与市数据中心的 ODS（可操作型数据库）保持一致。

（3）水务空间数据库。广州市水务空间数据库主要是对基础测绘数据和水务专题数据进行有效的组织和整理。基本内容包括广州市基础地形和专题水务要素等，为水务综合业务平台系统提供空间信息服务。

（4）数据仓库。数据仓库对 ODS 数据库（水务十二大专业数据库）和空间数据库中的数据进行清洗。将其数据转换到数据仓库数据库中，并根据水务行业业务对数据仓库数据库中的数据进行决策 OLAP 分析、数据挖掘，形成相关的业务主题（数据集市），应用于应用层的多维查询、统计分析、报表查询等。

4.2.3.3 水务数据库架构分析

从数据交换与共享，便于日常系统运维和原始数据保存等方面考虑，提出水务数据中心数据库结构按照“三层多类”进行设计。水务数据中心逻辑结构图如图 4-5 所示。

“三层”指基础、核心数据，以及数据仓库等 3 部分；“多类”指监测监控类、基础设施类、政务办公类和元数据类等数据。

其中，基础数据部分位于水务数据中心最底层，用于存储来源于各单位的基础数据，实现与原始数据表结构保持一致的原始数据的快速存储，确保水务数据中心先有原始数据的需求。

核心数据部分位于水务数据中心中间层，按照水务业务逻辑，经过对基础数据进行规范、分类、归并和加工后形成核心数据，实现对原始数据进行分类、规

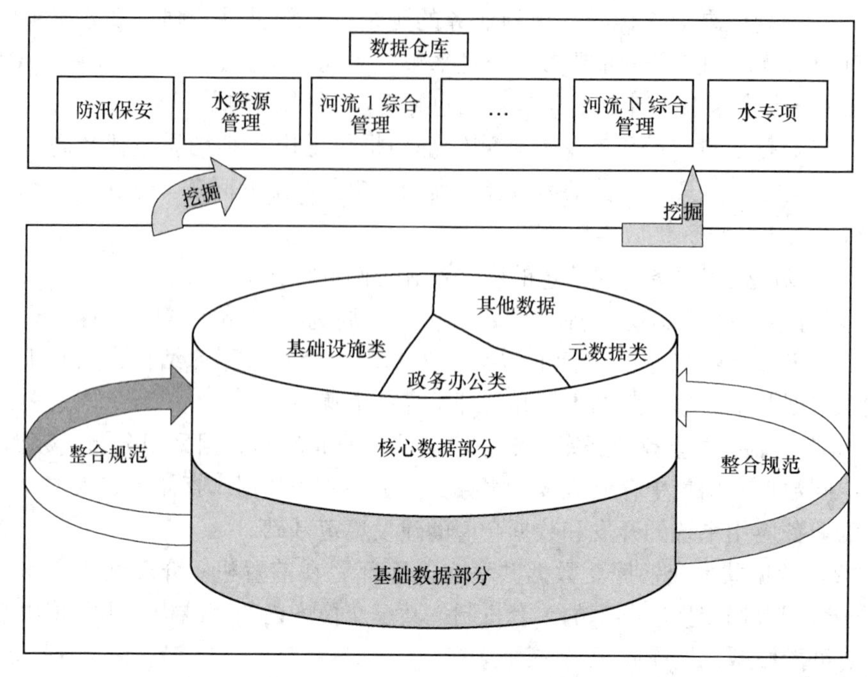

图 4-5 水务数据数据库架构

范、整合、运算和逻辑等二次处理，形成具有统一计量单位数据的集中存储，满足统一计量的数据准确性、一致性需求。

数据仓库部分位于水务数据中心顶层，按照不同的业务应用对核心数据进行分析、挖掘后，形成面向政府和行业管理应用的决策支持数据。实现对按照不同行业专题应用，经过分析、挖掘形成的具有决策支持、行业分析作用数据的存储，满足集中调用、统一口径的综合管理应用需求。

4.2.3.4 水务数据库框架图

根据数据资源逻辑划分成果，在保护现有建设成果（综合库）的基础上，突出水务数据资源体系业务支撑关系，构建层次合理、结构稳定、有效应对上层需求变化的数据库总体框架，构建的数据库框架如图 4-6 所示。

在总体框架下，根据水务业务形成不同的主题数据库，各主题数据库必须建立互通互联的逻辑关系，才能发挥支撑决策分析的功能，建立的主题数据组织图。新构建的数据库系统既要充分继承和利用过去十余年水务信息化建设的已有成果，又要有机地集成水务普查产生的新成果，即能补充和完善信息资源，可扩展和丰富共享服务，充分运用动态水务数据资源，向水务局局机关、局属单位、区县水务局及外部单位提供一套简明、便捷、多样的数据服务模式，以多种方式让用户获得数据，形成水务数据资源的长效应用服务。

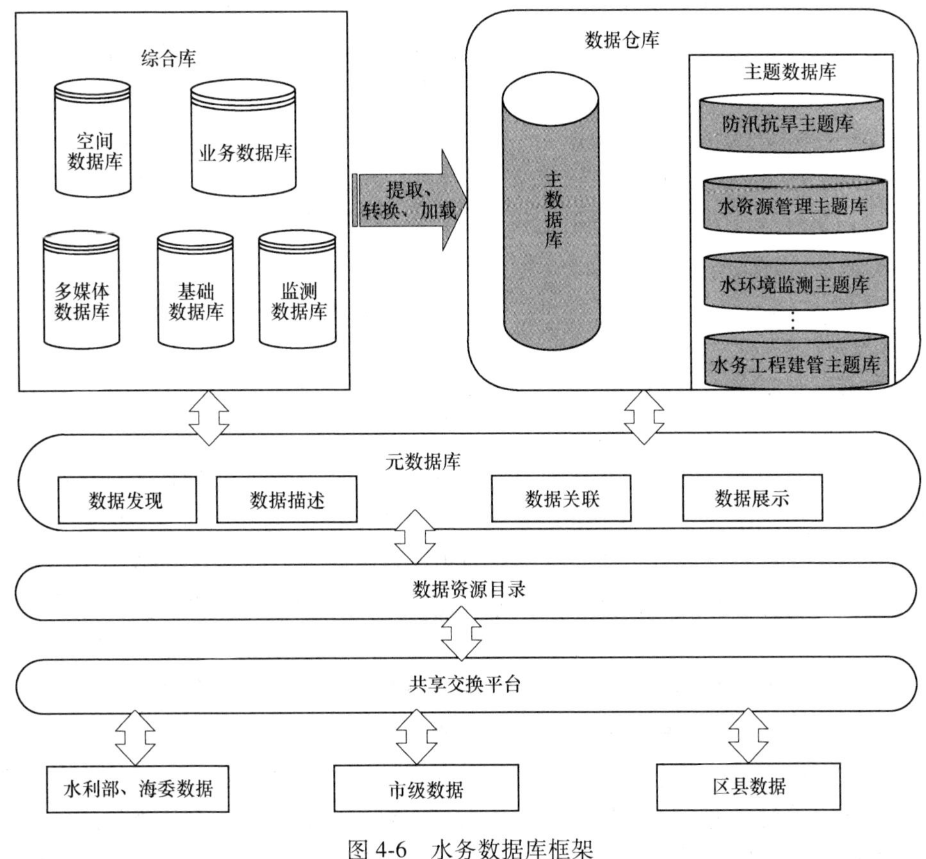

图 4-6　水务数据库框架

【任务实施】

详情请参阅预备知识或查阅相关资料。

任务 4.3　水务数据整合

【任务说明】

水务主题数据如何分解，水务大数据涉及哪些关键技术，水务数据整合内容有哪些，设计水务数据整合方案。

【预备知识】

4.3.1　水务主题数据分解

4.3.1.1　水务主题数据概述

设计科学的水务数据资源架构，既保证数据管理的有序、安全，又保证资源利用过程的便捷、高效，将基础信息、空间数据、实时业务数据有效地整合，使水务数据与水务业务关系信息、水务数据与空间关系信息有机结合，成为体系建设过程中的关键。

面向对象方法将具体事物视为不同的客观实体，将事物的属性和对事物的处理方法统一研究，是人们认识和表示客观事物的习惯性的方法，符合人们实际进行的认识机理和实践过程。采用此种方法，可以通过可构造的手段将客观对象分层次地表示出来，用有限的构造手段与有限步骤建立起一个客观模型。

在水务数据资源体系的建设过程中，引入面向对象的数据组织方法，将数据对象的属性值与数据对象间关系统一于数据对象的抽象概念内，使水务基础、空间、业务等数据及各种数据间的多维度复杂关系整合为直观有序的有机整体，以便于数据的管理、共享与业务支持。

在面向对象的方法中，类是对具有共同属性和方法的对象的抽象和概括的描述模型，类给出了属于该类全部对象属性与行为的抽象定义，现实中的各种实体对象是类定义的一个实例。基于“类”的定义，对象可以实现封装性、隐蔽性和稳定性，较好地满足水务数据资源架构所应满足的有序、安全、便捷、高效的需求。

为了有序地组织多维度的、包含复杂业务和空间关系的水务数据，在建设水务数据资源体系的过程中，基于面向对象的思想进行水务数据的组织管理，使系统可以更好地对各种复杂业务和空间关系的查询、统计操作提供支持。水务资源架构的基础是对各种水务对象统计、分类、抽象后形成的水务对象类描述。对象类的组成包含对象的属性、关系及处理对象的方法。由于系统复杂度和工作量限制，在资源体系建设的第一阶段，水务对象类的组成只包括对象的属性及关系；由于面向对象方法的可构造性，处理对象方法的集成工作可以在后续工作中分步实施。

对象的属性类似关系型数据模型的表与字段，可以和现有成熟的关系型数据库管理系统及信息化建设积累下来的海量历史数据实现良好的兼容。在水务对象分类的基础上，具体的水务数据以水务对象类的实例形式，采用数据表的形式在关系数据库中存储，对象类与对象之间利用对象类映射表，实现面向对象方法的数据管理与组织。

水务管理和各种应用过程中涉及的各种数据间存在着相关性，这种相关性产生的水务数据关联关系在数据资源体系建设中尤为重要。传统的基于关系型数据库的数据管理系统，侧重对象的具体属性值的存储管理，在关系处理上，简单依赖于数据库系统的检索功能，导致在各种管理、统计应用中，数据系统的支持效率低下。为了加强对业务的支撑，提高复杂的多维数据之间的组织，对不同对象类之间的关系进行抽象，形成对象关系类，对象关系类以继承的形式包含在不同的对象类中，可以理解为一种特殊的关系属性数据。

在数据资源系统的具体实现过程中，根据实际需要，应将工作重点放在数据之间的业务和空间关系上。业务关系是指对象类之间在不同的业务应用中发生的各种关系，如管理、工程、取水、供水、流入、流出等；空间关系是指水务对象实体之间存在的一些具有空间特性的关系，包括距离、方向、拓扑等关系，空间关系是空间数据组织查询分析推理的基础。目前，空间关系的定义方法没有统一标准，常采用的空间关系包括相交、相接、重叠、包含、穿越等，不同的系统常根据系统应用的需求自行设定。

4.3.1.2　水务主题数据分类

A　水务对象分类

在数据资源系统的具体实现过程中，参照水利部信息中心标准，对水务管理对象进行抽象、分类。具体按门类、大类、中类、小类 4 个级别，将水务对象分为 54 个具体对象类，部分分类见表 4-1。

表 4-1　水务对象分类

门　类	大　类	中　类	小　类
自然类	地表类	集储水单元	湖泊 流域 河流 泉眼 ⋮
		输水通道	机电井 人力井 水文站 雨量站 橡胶坝 ⋮
	地下类	输水通道	
非自然	设施类	独立工程	水库 水电站 灌区 ⋮
		非独立工程	水利行政机关 (water conservancy executive) 水利社会团队 (water conservancy social groups) ⋮
	非设施类	行为主体	
		管理对象	行政区划（addi） 水资源分区（wrz） 水功能区划（wfz） 蓄滞洪区（Flden）

B　数据之间的业务关系

在数据资源系统实现过程中，根据具体的业务实际，归纳出具体的对象之间的关系类别，确定了 37 种对象间关系，部分关系类别如图 4-7 所示。今后，还要根据业务需求不断整理丰富。对应到具体的对象类，确定具体对象之间的关系，应根据业务需求不断整理丰富，部分对象间的关系见表 4-2。

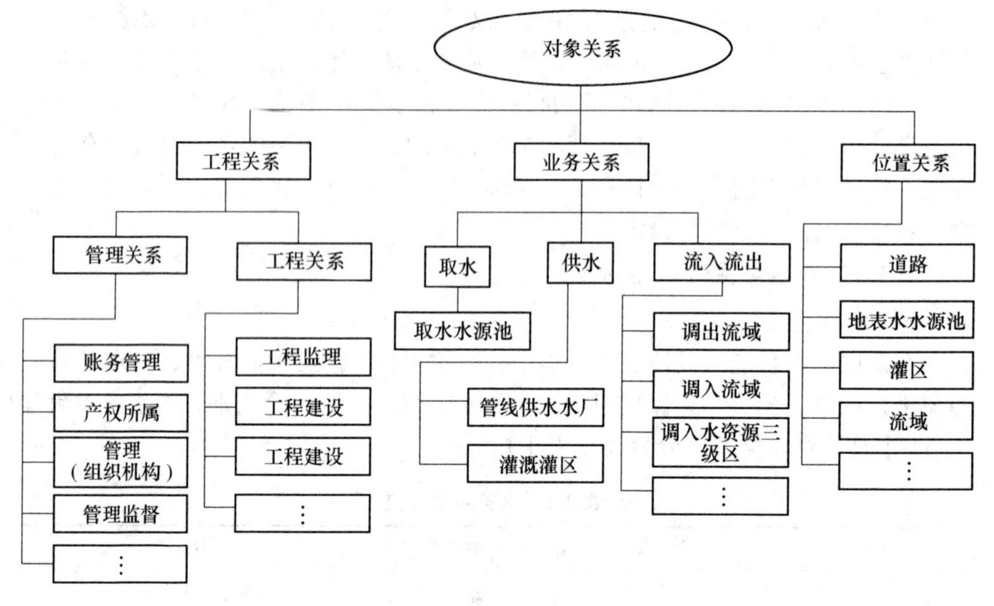

图 4-7　对象类别关系

表 4-2　对象之间的关系

对　象	关　系	对　象
桥梁	所在河流	河流
桥梁	所在湖泊	湖泊
桥梁	所在渠道	渠道
桥梁	工程设计	组织机构
桥梁	工程施工	组织机构
城镇供水管线	管理	组织机构
桥梁	管理	组织机构
桥梁	工程建设	组织机构
桥梁	所在道路	道路
桥梁	所在水库	水库
泉	所在行政区划	区县行政区划
入河湖排污口	所在水功能区	水功能区
入河湖排污口	所在湖泊	湖泊
入河湖排污口	所在水库	水库
⋮	⋮	⋮

C 数据之间的空间关系

考虑到业务应用的需求、系统建模的复杂性等因素，首先将水务对象归纳为点、线、面 3 种空间要素类型，然后将不同类型的对象间关系区分为包含、衔接、跨越、压盖、不相交等 5 种关系。如流域与水文站、渠道与灌区间、大流域与子流域等，前者在空间属性上包含后者，形成了包含关系；堤防工程在空间属性上是线状要素，这类水务对象的空间属性是其表达的水务对象的一端与另一线类型对象的一端相互衔接，形成了衔接关系；河流与渠道、渠道与渠道之间发生的一个对象从另一个对象的上方或下方穿越，形成了穿越关系；空间属性中点类型对象落在线对象上，点对象落在面对象的边线上，线对象和面对象的边线重合等情况，在水务对象中主要表现为水电站河湖取水口或排污口等落在水系岸线等情况，形成压盖关系；对象的空间属性中相互之间没有相交约束，如堤防工程与水系岸线间不存在相交约束，这类对象之间就形成不相交关系。对应到具体的对象类，部分对象空间关系见表 4-3。

表 4-3 水务对象与空间对象关系

对 象	关 系	对 象
水文站	包含	流域
雨量站	包含	流域
水库	包含	流域
机井	包含	灌区
取水口	压盖	水系岸线
排污口	压盖	水系岸线
桥梁	跨越	河流

D 水务主题数据组织图

根据水务业务形成不同的主题数据库，各主题数据库必须建立互通互联的逻辑关系，才能发挥支撑决策分析的功能，建立的主题数据组织图如图 4-8 所示。

新构建的数据库系统既要充分继承和利用过去十余年水务信息化建设的已有成果，又要有机地集成水务普查产生的新成果，即能补充和完善信息资源，可扩展和丰富共享服务，充分运用动态水务数据资源，向水务局局机关、局属单位、区县水务局及外部单位提供一套简明、便捷、多样的数据服务模式，以多种方式让用户获得数据，形成水务数据资源的长效应用服务。

4.3.2 水务大数据关键技术剖析

目前水利行业的资源化研究主要关注数据共享，离支持各种复杂查询与预测分析及人人皆可使用受益的愿景还有很大差距，流域与省级水利单位相互交错，

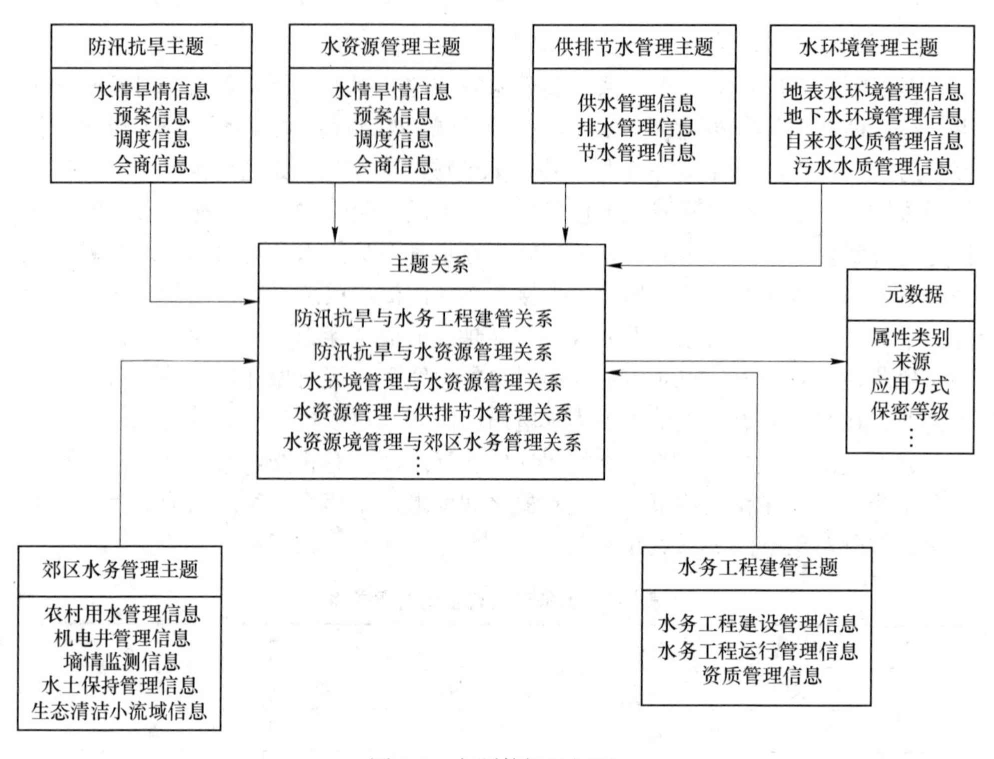

图 4-8　主题数据组织图

数据的混杂性和多事权特性将给水利数据资源化带来更多新的挑战。为此结合我国近年来水利数据共享的实践经验，从数据的存储、共享、服务和交换等方面进行探讨。通过研究数据的高效存储方法实现对“数据化”的支持，通过解决异构数据的共享和发现等关键技术问题，实现逻辑层对“数据开发”的支持；研究数据服务实现服务层“数据开发”的支持；通过研究具有高伸缩性和可生长能力的大数据多模式交换方法，实现对业务应用的良好支持，进而形成一套完整的水利数据资源化关键技术体系。

4.3.2.1　水利大数据的高效存储技术

水利数据规模较大，保证系统具备较高的读写吞吐率和数据安全是大数据的典型问题与资源化的关注重点。此外，水利大数据的存储机制还需要考虑数据的多副本与容灾机制等。随着大数据与云计算的结合成为大数据发展的趋势，Hadoop 已经成为大数据存储与处理广泛采用的云计算平台；相关研究者对采用 Hadoop 构建分布式的大数据存储方法进行了探索，提出了基于 Hadoop 的空间数据索引方法，提高了具备非欧时空特征的水利空间数据的访问效率；特别是针对遥感影像数据采用 Hadoop 分布式支付系统（HDFS）存储时全副本容错技术与存储空间的矛盾，提出了基于纠删码的容错技术，有效实现了数据的安全冗余存储。

4.3.2.2　面向异构水利大数据的共享技术

数据共享是数据资源化的基础，面对水利行业来源于不同事权单位的实时水雨情、水文、水质、气象和水利普查等数据库，遥感影像、矢量空间数据等多类型异构数据资源，需要研究利用可配置的元数据映射机制，将多类型异构数据资源映射到规范的逻辑空间，以构建数据共享服务体系，完成数据与业务应用的解耦合，在不改变原始数据的前提下，实现各事权单位数据的共享与整合，并保证模型的完备性和精准性。本书提出了一种面向多数据类型的信息共享方法，依据信息资源数据类型的不同，分别对信息资源的元数据进行注册、抽取、更新、审核、发布，并利用可配置机制实现异构海量信息资源的多途径发现，使之能够支持矢量数据、遥感影像和关系数据，并且具备良好的可扩展性。目前这一方法已经成功应用于水利数据中心，实现了水利普查成果、水利专题数据、多尺度矢量数据、MODIS、HJlA、HJlB影像等数据的共享。

4.3.2.3　基于语义的水利大数据发现技术

大数据之间存在着丰富的关联关系，发掘大数据中的价值的一个重要基础就是能够分析出数据集里隐藏的相互关系网。在数据量激增的同时，面对海量数据，在进行信息的浏览和检索时，更希望了解数据之间的关系，而不是一个个孤立的信息点。因此，如何将这些数据背后包含着的大量隐性知识挖掘出来，直观展示在人们面前成为迫切的需求。通过利用《水利公文词表》和《水利信息化常用术语》构建水利领域本体，并综合知网语义，形式化描述水利数据间的关联关系，定义语义推理规则，构建基于模糊语义的推理机对水利大数据的语义关系发现进行技术探索，积累了相关经验，形成1项国家发明。

4.3.2.4　面向多事权的水利大数据交换技术

水利数据采用多点采集、分散处理及分布存储的方式，促使水利数据资源化过程中必须建立高效的数据交换机制，实现数据的互联互通、信息共享、业务协同，以成为整合信息资源、深度利用分散数据的有效途径。本书提出一种基于云计算的水利数据交换方法，以服务的方式封装交换功能，并在此基础上通过流程建模和服务组合来保证多事权条件下交换系统的动态性和伸缩性。该方法具有对现有交换系统的良好兼容性，当需要构建新的业务交换系统时，只需要提供相应的个性交换服务，避免了重复建设，从而达到快速形成新数据交换系统解决方案的目的。

4.3.2.5　面向动态业务需求的数据服务技术

水利是关系国计民生的基础行业，经济和社会发展的各行各业都需要水利数据做支撑，对水信息服务的应用需求也不断变化。这就要求相应的数据支撑条件具备良好的可用性和互操作性，能够根据组织形态和业务需求的动态变化进行按需使用。因此，需要研究面向动态业务需求的数据服务技术，利用服务封装与组合技术将数据访问功能发布成为数据服务，构建起水利数据资源服务体系，为用户提供服务聚合、发布订阅和门户访问等多模式的数据共享服务。

水利大数据资源化是一项系统工程，除了水利大数据的高效存储技术等 5 个方面的关键技术之外，还涉及支持高效数据交换的大数据分发技术，为避免用户“信息迷失”的数据服务推荐技术，以及提供高通量信息内容的新型可视化人机交互技术等，这些技术相辅相成，共同构成水利大数据资源化的关键技术体系。

4.3.3　水务数据整合内容

企业信息化是企业应用信息技术（包括先进的计算机、通信、互联网和软件等技术和产品），使企业的生产、经营、管理等各个层次、各个环节和各个方面的水平得以提高，不断提高企业决策力和竞争力的过程。企业信息化建设的思路伴随企业现代化改造与市场环境需求日趋完善，不间断的信息化投入使许多企业拥有了一定数量、不同目标的信息系统。由于各种各样的原因，企业内部各信息系统之间，以及企业与外部各信息系统之间存在许多不相适应的地方，形成一个个“信息孤岛”。为了打破信息割据、提高信息系统的运行效率，企业必须对信息化系统加以整合。

就水务行业来说，现实的情况是：在企业投入大量资金进行信息系统建设以后，发现信息系统总是不能完全满足企业的需求。很多信息系统建成以后都在自己的领域内独立运转，形成了众多的“信息孤岛”。水务相关企业的信息系统建设主要集中在生产自动化、营业收费和行政管理信息化上。面对一个个相对独立的企业信息分系统，企业信息系统不能有效管理企业零散信息，不能使信息系统间协同工作，不能综合利用企业的数据资源，不能有效组织信息资源，诸如此类的问题，在给排水企业信息化建设中屡见不鲜。因此，系统整合首先要解决多个系统的信息互通和信息系统使用效率问题。

4.3.3.1　实现企业内部各个不同功能分系统之间的连接与整合

早期水务相关企业信息化建设由于缺乏比较严谨的总体规划。或者在实施过程中企业内部管理需求发生了变化，加之不同的系统开发商各自的风格或侧重点不同，信息系统大多存在功能重叠、漏缺和互不连接的情况。例如。财务管理系统通常按照自己的需求，设计了需要由设备管理部门提供的相应的台账管理功能。但却没有考虑设备管理部门管理系统中所需要的仓储细节管理：设备管理系统根据自身的业务流程和需求进行系统设计，这也不可避免地与其他系统产生功能重叠或造成信息上的孤立，甚至误导。另外，有些信息是多个系统的综合信息，但系统开发时却没有从细节上分析如何产生这些综合数据等。

基于上述原因，考虑利用现有系统产生的数据进行整合来实现企业内部各个不同功能分系统之间的连接与整合。

4.3.3.2　实现企业内部相同功能分系统之间的连接与整合

为了优化当地的资源配置，企业的联合重组成为现代企业调整的重点内容。要实现处于不同区域的企业的有效管理，企业领导首先会考虑如何利用信息化手段来加强和统一企业的管理。这一点在给排水工业企业的整合中尤为明显。对于企业信息化负责人而言，远程网络与通信技术已经不成问题，他们会更多地思考在联合重组的这些企业。已经投入使用的信息系统如何整合的问题。这些系统可能来自不同的开发商，基于不同的管理角度，实施的时间长短不一，但对业务的服务功能却是相近的。许多技术问题和管理问题交织在一起。

因此，从业务统一管理的模式需求出发，在对现有各企业的系统进行取舍的同时，还应考虑通过系统的整合实现企业内部相同功能分系统之间的连接与整合。

4.3.3.3　实现系统的协调、完整及规范性，减少重复工作，提高效率

无论是对联合企业所做的系统整合，还是对一个企业内部现有各个系统的总体整合，解决多个系统之间功能重复的问题、功能漏缺的问题、数据重复且格式不同的问题、原始数据多个部门重复手工录入的问题等，这些问题都需要通过系统的整合来解决。

在一定的时间内，依据未来两年企业业务管理的需求，应当对现有系统进行一次深度的整合，以实现系统的协调、完整及规范，减少不必要的重复录入与处理工作，提高工作效率。达到实施信息系统的目的。

4.3.3.4　整合数据，发掘新的应用

通过系统的整合，企业不仅可以消除信息孤岛，不同的信息系统可以实现互通，更为重要的是企业拥有了一个整合了各个系统的大的企业数据中心。同时可以根据实际情况，在企业数据中心的基础上，挖掘出更加具有综合性和更加深层次的企业数据仓库。利用这些整合的数据，使企业在进行新的信息系统开发和投资中能够更全面地考虑公司的实际情况，使企业能够综合利用已有的数据，同时使企业开发基于大数据跨度的企业经营决策信息系统和战略决策信息系统成为可能。

4.3.4　水务数据整合方案设计

4.3.4.1　方案设计

根据目前水务相关企业对信息化整合的迫切需要和信息化的现状，综合考虑企业的投资和效率，本书提出以下设计方案：建立全新高效的数据整合平台，结合不同信息系统对其他系统数据的不同需求，建立高效的、跨平台的、业务协同

的标准化的实时数据整合平台，在任何系统需要其他系统的数据的时候，该平台能及时提供所需要的数据信息；建立起完整高效的数据信息仓库，并对这些信息进行综合汇总、分析、挖掘，形成更高层次应用系统，为了满足对数据共享的需求，建立数据共享模板数据库，以方便系统间的直接数据共享；建立在整个企业实时数据和数据仓库基础上的信息系统，对整个企业的科学决策更加具有指导意义，其逻辑图如图4-9所示。

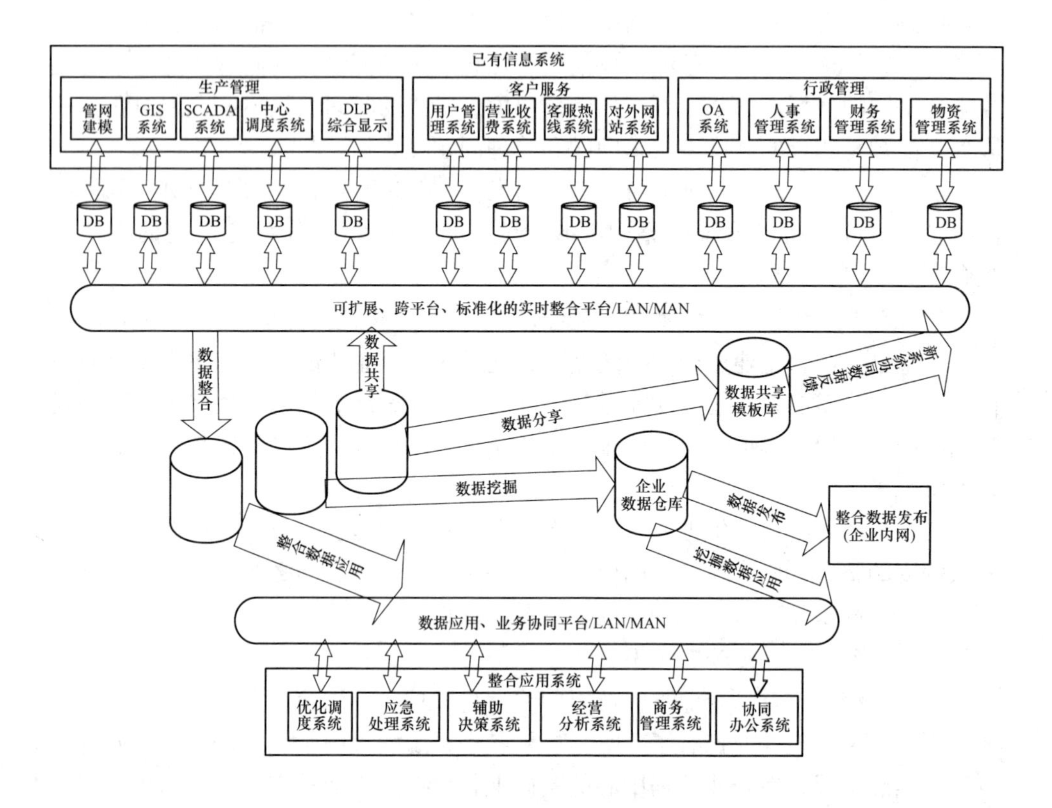

图4-9 数据整合系统逻辑

4.3.4.2 整合难点分析及解决

水务信息化数据整合系统的困难来自很多方面，它不是简单地把多个系统进行界面和功能的汇集，而是真正地要实现信息整合。具体地说，信息整合就是将业务应用系统的信息数据进行有机地整合集成从而实现对业务应用信息数据共享的过程，同时根据给排水企业的实际情况，建立企业基本数据表、企业数据库、数据挖掘仓库等不同等级的信息汇聚库。因此，水务信息化系统整合系统的困难主要来自信息数据的结构、规范和技术体系的不同。简要分析如下。

A 操作系统和数据库差异

系统整合要实现真正的数据优化，必须从数据库开始。从过去几年水务企业主流的数据库来看，ORACLE、SYBASE、SQL 等在应用系统中的使用均占一定的比例。因此，企业中存在多种信息系统，就必然考虑多种数据库集成的可能，同时还要考虑在不同的操作系统下如何实现数据的整合和共享。

水务信息化数据整合系统平台采用 XML 作为数据传输和交换的规范。因为 XML 具有与操作系统无关、与数据库无关的特性，在进行数据传输和交换过程中，数据始终以 XML 格式的报文进行传输，提高了数据格式的标准性和规范性。

B 规范和标准

信息系统最重要的资源是信息，而传输信息必须有统一的标准，企业内部不同时期的系统之间规范的不统一，必然导致信息所适用的规范和标准的不统一。例如，销售系统中对企业产品的编码与财务系统中对企业产品的编码可能是不一样的。

整合数据库中的表采用双主键结构，并且各个表对各个系统都是透明的。当需要进行数据共享时，系统只需要访问整合数据库中相应的表，整合数据库会根据其他系统对该数据的不同要求，对数据库进行动态的更新。整合数据库在被访问时，以名称作为逻辑访问外键，结合表的名称，保证了数据的一致性。数据库中的表在更新的过程中，采用 id 号和名称的双主键结构，同时由于数据源的唯一性，从而最大限度地保证了数据的真实性和可靠性。

C 系统体系结构

在设计信息系统时。由于开发平台和所基于的硬件体系的不同，存在 C/S 和 B/S 等不同类型的系统体系结构。对于系统的整合来讲，要把不同体系结构的系统按不同的层次整合在一起，其方法和要求也不同，故而存在着不同程度的困难。

整合数据库平台的服务器采用 Windows 操作系统，数据库采用 MS-SQL 2003/2005。从而可以提供对外相对统一的接口。对数据的更新，系统需提供足够的适应能力，采用 XML 规范克服不同的系统带来的系统壁垒。

D 操作系统和网络硬件环境

在不同的操作系统和不同的网络硬件环境下，多个系统整合更是困难重重，不同系统的服务器、企业内部网络与广域网络、远程处理与内部处理都存在传输效率和数据安全的问题。

采用 HTTP 作为传输协议，从而使系统具有跨异种网络的能力。在数据传输安全性问题上，平台采用基于 PKI（public key infrastructure，公钥基础设施）的不对称加密技术，对网络上传输的 XML 报文进行加密。

【任务实施】

详情请参阅预备知识或查阅相关资料。

【项目总结】

首先，介绍了水务数据的标准体系、水务信息化标准建设措施和水务数据资源的逻辑划分；然后，详细介绍了国家水利数据中心的“三级两域四区”、水务数据交换平台的功能设计和水务数据库框架划分；最后，列举了水务大数据关键技术，水务数据内容整合，即如何消除信息孤岛和水务数据整合方案的设计。

【项目考核】

（1）水务数据资源如何进行逻辑划分?
（2）水务数据库常见的有哪些类别划分?
（3）水务数据整合的主要内容是什么?
（4）水务数据整合需要考虑哪些因素?

【项目实训】

在环保行业从资本驱动向技术驱动转型升级的大背景下，技术与业务的结合将会是未来整个行业的重点。而随着环保监管逐渐趋严以及国家层面加快建设数字中国的大趋势来临，环保水务领域的智能化、数字化转型将是未来的趋势。面对这种趋势，众多有实力的大数据公司利用大数据技术优势和丰富的行业经验，通过打造环境大脑来推动环保领域智能化进程。随着物联网技术的普及，能够提供大数据量、低成本的环境及生产数据采集能力，使得环保水务企业的数据资产构建有了可能性。而如何应用大数据实现企业的节能降耗、高效运行，从而满足监管要求实现合规生产，使企业在越来越激烈的市场竞争中保持长效优势，就成为摆在很多环保水务企业面前的难题。

项目5　智慧水务解决方案

【项目导读】

“十三五”时期是全面建成小康社会的关键期，是落实国家治理体系与治理能力现代化的推进期，也是全面落实中央城市工作会议精神、携手国际社会共同推进新型城镇化、促进绿色发展的重要阶段。联合国通过的《2030年可持续发展议程》提出了建设包容、安全、韧性和可持续的城市发展目标。

随着我国经济结构转型和发展动能转换，水务领域要以改革创新为引领，加快实现从粗放用水向集约节约用水的根本性转变，以互联网和大数据为平台，实现水资源承载能力的刚性约束，坚持人口经济与环境相均衡的理念，强化需求管理，优化供给结构，以水定产，以水定成，量水而行，因水制宜，合理控制水资源开发程度，加强水资源安全风险防控和监测预警，推动依法治水、管水，着力构建系统完备、科学规范、运行有效的水管理制度，发挥科技创新引领作用，全方位推进水务创新发展。

为实现水资源可持续利用，促进经济社会长期平稳较快发展与水资源水环境承载能力相协调，提升国家水安全保障能力和加快推进水利现代化。中共中央、全国人大、国务院相继发布了《关于进一步加强城市规划建设管理工作的若干意见》《国民经济和社会发展第十三个五年规划纲要》《关于全面推行河长制的意见》《全国城市市政基础设施建设“十三五”规划》等文件，对城市水系统建设的相关任务进行了部署，为当前和今后较长一段时期内水生态文明建设制定了一幅清晰的路线图，对推进我国可持续发展具有重要的指导性意义。“立足中原、辐射全国”，在加快推进我国水务创新发展、运维管理等相关工作，再现青山碧水，共建美丽中国。

【知识目标】

（1）熟悉智慧水务运营管理模式。

（2）熟悉智慧水务关键技术的应用及理解其实现原理。

（3）熟悉智慧水务的建设目标、内容及任务。

（4）熟悉常见智慧水务管理软件。

【技能目标】

（1）掌握常见智慧水务管理软件的使用。

（2）掌握招投标书的制作。

（3）掌握项目规划书的撰写。

任务 5.1 智慧水务综合解析

【任务说明】

智慧水务建设的根本目的是提高管理效率和质量，供水营业收费管理系统是其重要实现，请设计。

【预备知识】

5.1.1 智慧水务运营管理模式

“智慧水务”是水务信息化发展的高级阶段，是经济新常态下，传统水务企业转变发展方式、实现科学发展的必经之路。将云计算、物联网、大数据、移动互联网等新一代信息技术与智慧水务建设相结合，可以实现水务企业生产控制数字化、经营管理协同化、领导决策智能化和对外服务主动化等目标。在我国智慧城市建设的大背景下，构建基于新一代信息技术的智慧水务平台，已成为建设现代水务企业的必由之路，智慧水务内涵如图 5-1 所示。

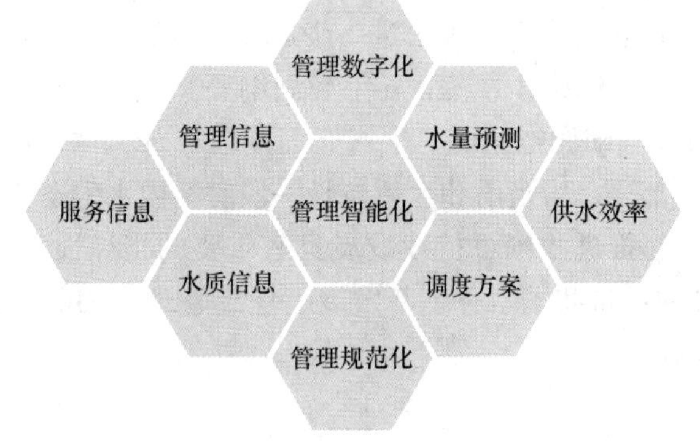

图 5-1 智慧水务内涵示意

5.1.1.1 运营管理实现数字化、智能化、规范化

用可视化方式整合各个管理、服务部门设施，在线检测各净水厂、污水厂和公司管理部门的运行工作状态，将各类数据通过 4G 网络实时传输到公司总部，通过数字化管理平台将海量数据进行及时的智能分析与处理，给出相应的处理结

果和辅助决策建议，并利用短信、光、警报声等通知相关责任人员，以更加精细和动态的方式管理水务运营系统的整个生产、管理和服务流程，从而实现数字化、智能化、规范化管理，达到“智慧”的状态。

5.1.1.2 生产、服务流程全天候实时监控

全天候24h实时监控水务系统的生产、管理、服务流程，直观地将净水的生产过程动态展现出来。

全天候24h实时监控居民饮用水水质，确保市民饮用水安全。

全天候24h实时监控服务流程信息。

5.1.1.3 管网调度按需分配

根据监测的实时数据和历史数据，对用水量进行预测，产生优化调度方案，辅助调度人员决策采用何种优化调度方案，保障用户用水，提高供水效率。

5.1.2 智慧水务关键技术及实现原理

虽然智慧水务建设充分重视了新一代信息技术的应用，但是由于智慧水务体系庞杂、牵涉面众多，因此，在构建立体感知、信息处理、支撑保障、智能应用层时，仍需加强以下关键技术与水务实际工作的深度结合。

5.1.2.1 智能感知技术

监测感知体系是在水务管理信息系统的基础上，利用各种先进灵敏的信息传感设备和系统，对系统所需的供水、排水、节水、地下水、地表水等各类信息进行实时的监测、采集和分析，对水情、水质、地下水、闸阀、拦水建筑物及视频的数据进行时空无缝监测、监控和采集，最终实现城市中物理水务、计算水务和人类社会三元世界的连通。地表水水情与相关水工建筑物目前缺乏系统监测，现有地表水输水工程闸阀为人工控制，在发生管道泄漏和上游突发情况时，不能保证及时关放。而智能感知技术可以准确及时的感知，为安全考虑需要将其改造成自动化监控。可采用射频标签阅读装置，对地表水的河流、渠道、湖泊等的水位、流量、水质进行监测和传输；对城市水系中的水工建筑物、水文测站、量测设备等装备射频标签，自动获取水工建筑物的特征数据、水文测站信息。

地下水监测目前主要由环保部门和国土部门对地下水质进行常规监测，但是现有系统存在监测不全面、网络传输速度慢、信息化程度不高等问题。智能感知技术采取无线传感器网络，通过装备和嵌入到城市中的各类集成化的微型传感器，实现对地下水位、水温和水质的实时监测、感知和采集，然后将这些信息以无线方式发送出去，以自组多跳的网络方式传送到用户端，实现地下水监测结果的有效性、可靠性。

5.1.2.2 三维可视化仿真技术

智慧城市建设已实现了三维可视化建模，智慧水务系统设计对现有水务管理

技术进行了延伸。以三维模型为基础，结合水务模型进行拓展，通过建立基于云计算技术的数值仿真平台，主要包括分布式水文、水源区面源污染、水动力水质生态数值仿真等模型和城市管网及洪水预报，实现对降水径流过程、污染物迁移转化过程、城市管网和洪水预报模拟，实现对降水径流、污染物迁移转化、城市管网供水、生态需水、泥石流淹没及洪水演进等过程的数值仿真，将模拟的结果通过可视化技术实时展现在虚拟场景中，为水务综合管理提供基础。

三维可视化仿真技术较现在水务业务的二维场景显示和查询等功能而言，它可以随时对各种现场和计算机图文信号进行多画面显示和分析，及时做出判断和处理，发布调度指令，实现实时监控和集中调度的目的。这将真正实现三维水务分析和可视化，更加直观准确地实现对各种水务空间信息和环境信息的立体化，快速、准确、可靠地收集、处理、展示与更新数据，为防汛抗旱、水资源调度、管理决策、水质监测与评价、水土保持监测与管理等业务系统提供决策支持。

5.1.2.3 基于云计算的大数据分析

智能感知系统和三维可视化系统带来的一个挑战，就是大数据的产生、分析与挖掘，立体感知层的建立使得水务管理积累的数据资源呈级数增长，如各种水文、供水、水环境、工情、灾情、水土流失、社会经济等数据通过网络传输到数据中心；三维模型库的建立是防汛抗旱及水资源、水生态调度决策支持系统的核心，要求建立具有实际效用的模型库，完善暴雨预报、洪水预报、水资源分析评价、水资源配置调度等模型，这就需要访问大量的、不同数据源的、实时的数据，急需依靠大数据技术解决问题。

水务局现有信息系统搭建在水利信息中心本地计算机网络之上，计算能力有限，因此，需要结合水务云建设，搭建基于云计算的大数据分析系统。云计算可针对复杂的水循环、水分配和水调控过程进行高速运算和模拟，通过虚拟化、分布式处理和宽带网络等技术，使得互联网资源可以随时切换到所需的应用上，用户可以按照“即插即用”的方式，根据个人需求来访问计算机和存储系统，实现所需要的操作，其强大的计算能力可以模拟水资源调度、预测气候变化、发展趋势等。

为实现大数据分析系统，可试点开展基于水务大数据的水治理途径。如选取防汛抗旱系统，在水情、雨情、工情、抗旱水源、三维场景等基础和灾情信息基础上，结合长期积淀的领域计算模型和知识，面向综合决策、分析预警、应急处置等场景，进行多源异构大数据信息的处理技术。结合云计算能力，深入开展水务大数据处理和应用，提高“用数据说话、用数据管理、用数据决策”的水务大数据治理能力。

5.1.2.4 软件技术

A 应用支撑平台采用B/S（browser/server）模式

B/S结构即浏览器和服务器结构。它是随着互联网技术的兴起，对C/S结构的一种变化或者改进的结构。在这种结构下，用户工作界面是通过浏览器来实现，极少部分事务逻辑在前端（browser）实现，主要事务逻辑在服务器端（server）实现，形成所谓三层 3-tier 结构。这样就大大简化了客户端电脑载荷，减轻了系统维护与升级的成本和工作量，降低了用户的总体成本（TCO）。它能实现不同的人员，从不同的地点，以不同的接入方式（比如 LAN，WAN，Internct/Intranet 等）访问和操作共同的数据库；它能有效地保护数据平台和管理访问权限，保障服务器数据库的安全。

B 基于 J2EE 架构

业务支持与决策支持作为一个典型的 Internet/Intranet 应用，采用 J2EE 架构为整个平台提供了一个完整的体系架构，实现平台的高可用性、可管理性、安全性、可扩展性、负载均衡、事物监控管理、客户服务、统一的数据访问接口、命名服务、目录服务、远程服务调用、消息服务等企业级的 API 功能，为整个系统奠定了坚实的技术基础。

系统运行基于 J2EE 架构，可支持单机模式、多主备模式以满足不同规模的业务系统的扩展需要。应用服务时产品的核心模块，为开发、部署、运行、管理及维护提供了基础的服务，包括自动引擎、XML、数据总线、调试服务、展现服务、业务服务、数据服务、部署服务、异步访问、系统日志、安全审计、用户认证、访问权限控制等基本功能，支持动态的 EJB 技术，即能够根据业务规定需要部署或不部署 EJB，以及根据应用构件的规模动态决定 EJB 数据量级分布方式。

C 松散耦合的 SOA 架构思想

SOA（service-oriented architecture，面向服务架构）是为了提升整个企业架构的控制能力、提升开发效率、加快开发速度、降低在客户化和人员技能的投入等方面的企业 IT 架构。

SOA 是在计算环境下设计、开发、应用、管理分散的逻辑（服务）单元的一种规范。SOA 是构建平台架构的最先进的方法，基本思想是以服务为核心，将企业应用资源整合成可操作的、基于标准的服务，使其能被重新组合和应用。在 SOA 构架中，所有应用能够通过标准化的服务接口连接起来，交换数据和处理过程，而无需考虑应用什么样的编程语言或在什么操作系统下运行。在这种模式下，所有的系统功能模块都是一种服务，可以被多个系统共享和重用，每个服务模块都是一个标准的服务组件，整体的信息平台，就像搭积木一样用一堆的服务组件任意组合，就可以组合出全新的业务系统。

通过图 5-2 可以看出，智慧水务大致分为五层，即感知层、传输层、数据层、服务层和应用层。感知层通过物联网进行数据采集，再通过 NW-IOT（无线物联网）将原始采集数据传输至互联网并接入服务器，将数据进行分类存储至各种应用数据库，利用云计算进行水务大数据云计算、云存储及数据分析，最后根

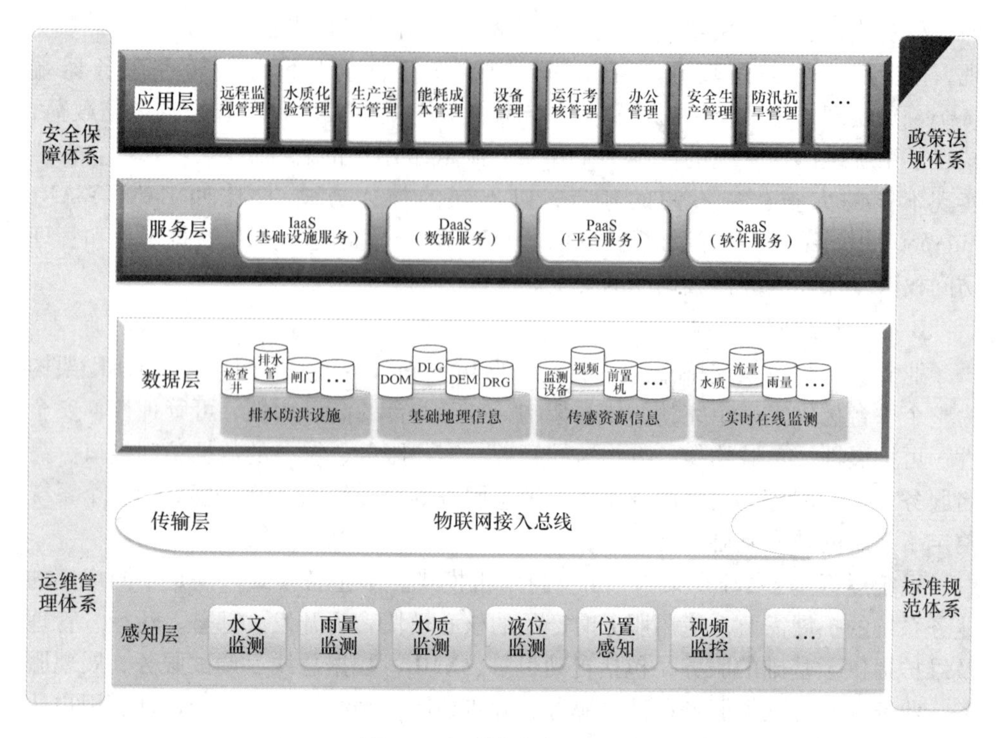

图 5-2　智慧水务实现原理

据应用需求开发对应的信息管理系统，从而实现智慧水务管理。

整个智慧水务的运作过程需要依托安全保障体系、运维管理体系、政策法规体系和标准规范体系作保障和支持。

5.1.3　智慧水务建设目标、任务、内容

5.1.3.1　智慧水务建设目标

A　实现控制自动化

面向河桥水源地、自来水管网、排水管网等各类监控对象，建立城乡供水和城市排水工程等控制体系，实现水务工程及时、可靠、自动控制。

B　实现管理协同化

面向业务人员，在业务和政务管理方面实现统一流程、用户、资源、配置的协作化管理。通过对目标、过程、执行及结果等管理的统一把控，使业务人员的管理更加高效、共享和协同，实现精细化管理。

C　实现决策科学化

面向领导，建立模型，为领导科学决策提供支持。通过信息支撑，以及决策依据、方法及过程的科学化，使领导的决策更加综合、合理、可行，形成科学化决策。

D 实现服务主动化

面向社会公众，建立涉及水行政、民生的公共服务，实现水务信息资源共建共享，避免重复建设。通过服务内容、方式、品质及社会交互，使得社会公众体验到水务品质的人性化、便捷性、舒适性，实现主动化服务。

5.1.3.2 智慧水务建设任务及内容

（1）充分利用物联网和移动终端技术，科学规划，优化布局，查漏补缺，建设水利信息采集体系。统筹空间、时间分布，整合已有资源，新增必要的监测点，加强完整性建设；结合固定点监测布局，适宜增补移动监测，加强采集灵活性和随时性；以重点工程监控为核心，加大工情信息采集；以水文、水资源、水环境监测为主，整合建设多元信息采集系统。具体目标是逐步形成智能感知信息采集综合体系，提高信息的完备性、真实性和时效性，满足精细化业务管理要求。

（2）进一步优化网络架构、完善通信布局，加强水利移动互联网络建设，适度超前部署网络能力，建设水利通信网络体系。促进区域协调，依托国家电子政务内外网，扩大水利电子政务内外网的覆盖范围，增加网络带宽，有力支撑水利业务应用；加强未来网络演进技术储备，平滑进行网络升级改造；建设公网无法满足水利特殊需求的水利通信工程，并推动卫星通信与地面通信设施融合发展，提升水利应急通信能力；加强移动互联网在水利行业的应用，拓展水利应用和服务能力。具体目标是逐步形成结构优化、灵活接入、安全可靠的泛在先进水利通信网络体系。

（3）加大资源整合力度，深化虚拟化应用，建设云化资源环境。按照 1 个局域网分别设置 1 个涉密机房和 1 个业务网机房，形成水利部、流域机构、省级水利部门三级涉密和业务网机房；按照“云平台”理念，以建设水利基础设施云为主，以公共资源云为补充，通过对计算、存储资源的整合，实现统一调度、管理和服务，提供集约化的基础设施服务；对各单位独立的存储、备份系统进行整合，构建统一的存储备份体系。具体目标是初步形成功能互补、资源共享的基础设施云，促进集约化利用资源设施。

（4）丰富信息源，强化数据整合，促进信息共享，建设水利信息资源体系。进行信息资源梳理，开展重点业务领域信息资源规划；采用面向对象的统一水利数据模型，对基础、业务和政务等数据进行整合，丰富信息资源，构建面向对象的基础数据库、面向事件和过程的数据库；建立三级统一的水利数据交换平台和信息资源服务体系，向各类水利业务应用提供权威、全面、完整、一致的数据交换通道和资源服务；开展大数据分析平台试点建设，加强数据知识化处理能力建设。具体目标是逐步形成多元化采集、主体化汇聚和知识化分析的大数据能力。

（5）深度融合，强化应用整合，促进业务协同，建设水利业务应用体系。

从服务型政府出发，建设全周期的公共服务系统，增强社会治理和公共服务能力；以民生水利为重点，通过信息化手段加强农业、工业和生活用水的全过程管理，加强水利工程建设、安全鉴定、运行的全过程管理，增强水利行业监管能力；从水利管理全域出发，深化信息化管理、监督、评价、绩效考核功能，增强分析预警、应急处置、综合决策等能力。具体目标是使水利管理从粗放向精细转变，从被动响应到主动预警转变，从经验判断向大数据决策转变，增强水利管理能力，提高公共服务水平。

（6）建设水利信息化保障体系。在制度体系建设方面，重点完善信息化工程协同建设、资源整合共享方面的管理办法；在安全保障体系建设方面，统一安全策略、管理及防御，提高安全防护能力；在运行维护体系建设方面，健全运行维护机构，落实运行维护经费，完善运行维护技术手段；在标准规范体系建设方面，重点加快推进资源整合共享相关标准规范的编制、修编。具体以保障水利信息化健康良性发展为目标，最大限度地释放信息化在水利管理全局中的巨大能量。

【任务实施】

供水营业收费管理系统是一套集客户管理、表具管理（机械表、IC 卡表、远传表、大口径表）、财务管理、抄表结算、收费管理（IC 卡收费、现金收费、银行代收、手机支付）、发票管理、报表分析、表务管理、报装业务等功能为一体的综合性供水管理信息化系统。

系统采用 B/S（浏览器/服务器）架构设计，系统兼容目前主流浏览器软件，采用模块化设计，组态灵活方便，每个功能模块可灵活配置，方便系统升级扩展，软件界面美观，操作简单，使用方便，适用于大、中、小型供水企业。并可以单机、局域网、互联网联网方式使用，如图 5-3 所示。

系统主要特点：

（1）客户管理。客户信息管理。

（2）表具管理。机械表、IC 卡水表、远传水表、超声波表及大口径水表等表具管理。

（3）财务管理。收费日报、月报、年报生成，营销差分析。

（4）抄表结算。支持人工抄表、远程抄表、手持机抄表及第三方厂商等抄表数据录入；支持一户一表、一户多表方式结算；支持日结算、月结算、季结算多种结算方式。

（5）多种收费方式。IC 卡预付费、远程预付费、后付费、账户预存、IC 卡+远抄、IC 卡+远程预付费等多种收费方式并存。

（6）多样化价格设置。支持复合价格、比例价格。每个价格可设置不同的费用类型。

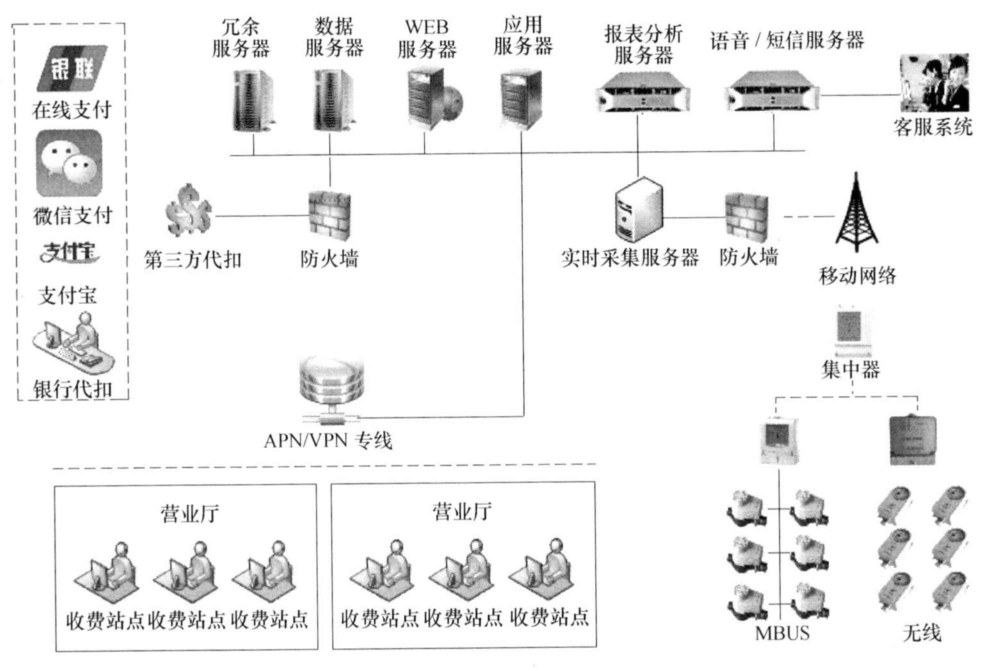

图 5-3　营业收费管理系统框架

（7）阶梯价格支持。支持月阶梯、年阶梯、按人口阶梯结算。

（8）发票管理。发票领用、登记、分配、开票、上报、统计等发票流程管理。

（9）表务管理。水表设备、日常维护、表务工单、水表抄收等流程管理，实现表务数据的精细化管理。

（10）报装业务。采用工作流管理模式设计，可自定义设计表单及节点流程。

（11）短信提醒功能。支持欠费、阀门控制、故障信息短信提醒功能。

（12）第三方数据导出。支持文本、EXCEL、DBF、SQL SERVER、ORACLE 等多种格式的数据导出。

（13）采用组件式系统开发架构。每个功能模块可灵活配置，方便系统升级扩展。

（14）丰富的图表分析功能。支持用量分析、费用统计等图表分析功能。

（15）安全权限控制。可设置不同的角色控制操作员的访问权限。

（16）系统安装部署方便。向导式安装模式，只需简单选择即可实现系统的安装升级。

（17）具有自定义发票功能。用户自己可以灵活地更改发票的格式及布局。

（18）第三方在线支付系统。银行联网收费 \ 移动手机支付 \ 支付宝支付 \ 微信支付 \ 银联 POS 机刷卡支付。

任务5.2 智慧水务信息管理系统

【任务说明】

随着社会经济的不断发展，城市建设规模的快速增长，水资源的利用将越来越多，用水管网不断延伸且越来越复杂，对水处理控制要求越来越高。自来水厂肩负着城市生产生活用水的重责，其生产管理技术的提高直接影响用户用水的方方面面。提高水厂生产标准，实现水厂生产过程自动化监测，采用先进成熟的技术进行检测与控制，确保水厂生产控制过程及自来水输配管网等安全、可靠、平稳、高效、经济地运行，是水厂控制技术发展的趋势。

【预备知识】

5.2.1 远程监视管理和水质化验管理

5.2.1.1 系统概述

iWaterSee 远程监视管理系统以污水处理企业现有的自动化控制系统中的生产运行数据为采集源数据，通过华信数据采集平台以及数据传输网络从 PLC 中自动、实时将生产运行数据传输到远程监视管理系统中，实现生产运行情况的实时监视、生产运行数据的可靠存储、生产运行数据的查询、报表生成与统计分析等功能。

远程监视管理系统采用分布式采集与集中管理相结合的方式，弥补了传统自控系统和组态软件的只能在厂、站本地查看和管理生产运行数据的不足，将原本分散分布于各地的污水处理厂和下属泵站的生产运行数据进行自动采集，并进行实时存储和管理。公司管理人员通过 IE 浏览器即可实现对各厂、站的远程监视及运行数据查询，解决了以往只能通过各厂上报报表或前往现场才能看到实时生产运行情况的难题。

对于污水处理企业，生产运行数据是企业生产运行控制、安全生产保障、生产优化调度、生产计划制定、生产成本分析等运营管理业务决策的最基础、可靠、有力的依据。我公司的远程监视管理系统则为企业提供了一套先进的生产运行数据信息化管理工具。通过该系统的使用，企业生产控制层和决策管理层之间信息传输更加实时、准确、直观，提高管理效率。使企业信息化前进了一大步，为企业的信息化发展奠定了坚实的基础。

5.2.1.2 系统功能流程图

远程监视管理系统采用的分布式系统，通过集团远程监视全国各分点，操作系统使用多用户多任务的 LINUX 或 UNIX 操作系统。

远程监视管理系统包括视频监控、数据自动采集、数据管理、基础报表管理、设备管理、远程监视和监视监控等模块，如图 5-4 所示。

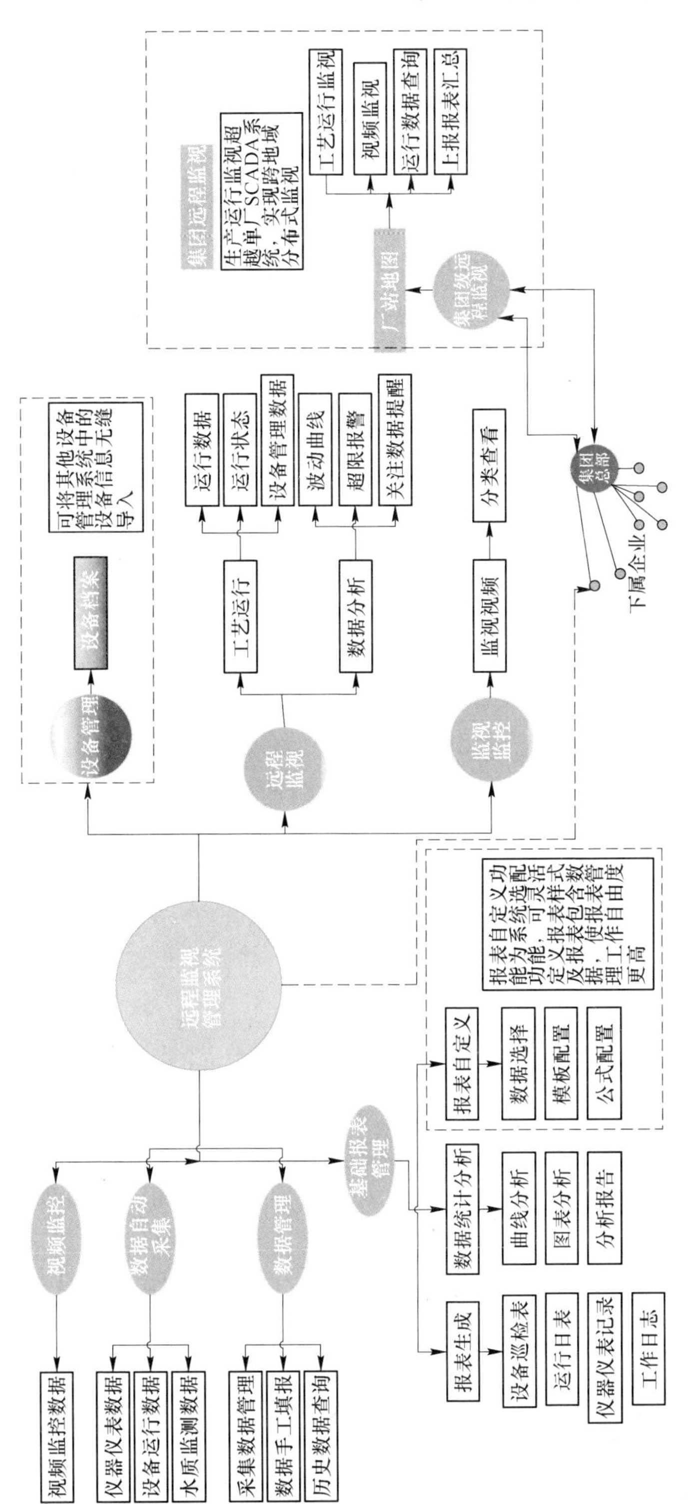

图 5-4 远程监视系统功能流程

设备管理子系统可将其他设备相关信息导入其中，以便建立设备档案。

5.2.1.3 系统各子模块简介

A 数据自动采集模块

如图 5-5 所示，数据自动采集如下：

（1）支持多种品牌、多种协议的自控设备和自控系统。

（2）自控系统中的所有生产运行数据（数值、状态等）都可进行自动采集。

（3）数据自动采集、分类、存储，极大减轻人员工作量，提高数据的准确性。

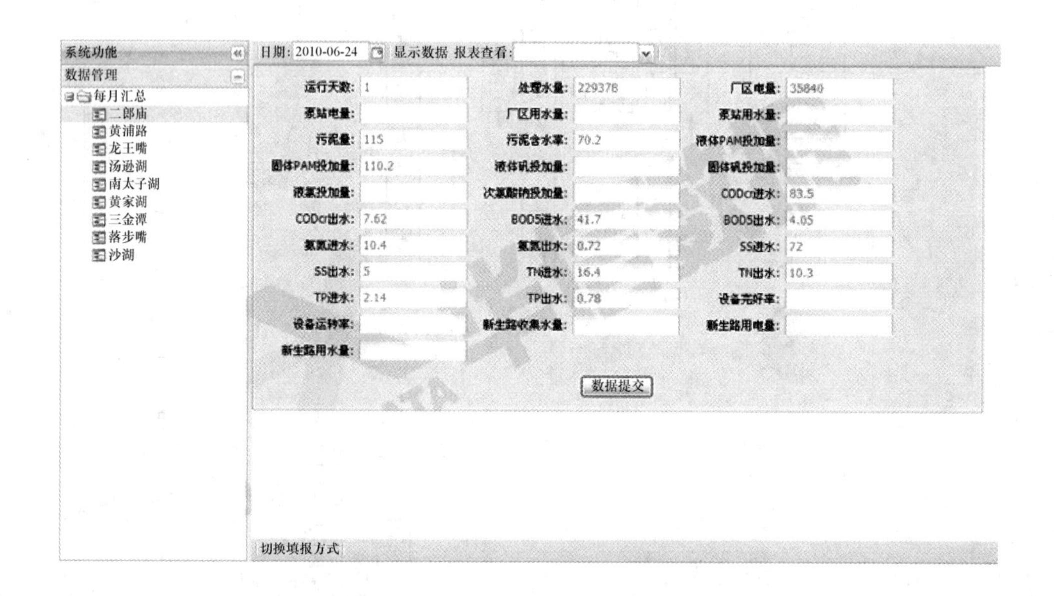

图 5-5 数据自动采集

B 数据管理模块

如图 5-6~图 5-8 所示，数据管理模块如下：

（1）直观友好的操作界面，操作人员快速掌握使用方法，极大降低培训成本。

（2）对自动采集数据可进行手工修正，进一步保证数据准确性。

（3）对无法自动采集的数据可由操作人员进行手工填报，保证生产运行数据的完整性。

（4）方便快捷的数据查询功能，可快速查找到历史运行数据，提高工作效率。

（5）完善的数据填写安全控制，数据添加、删除、修改权限可细分到具体的数据项，进一步保证数据的准确性。

（6）强大的数据固化机制，在数据到达固化时限时，只有通过数据修改审核流程才可对历史数据进行修改。

（7）智能优化的数据存储机制，所有生产运行数据可至少保存 3 年，并可根据用户的需要进行长时间存储设置。

图 5-6　数据管理 1

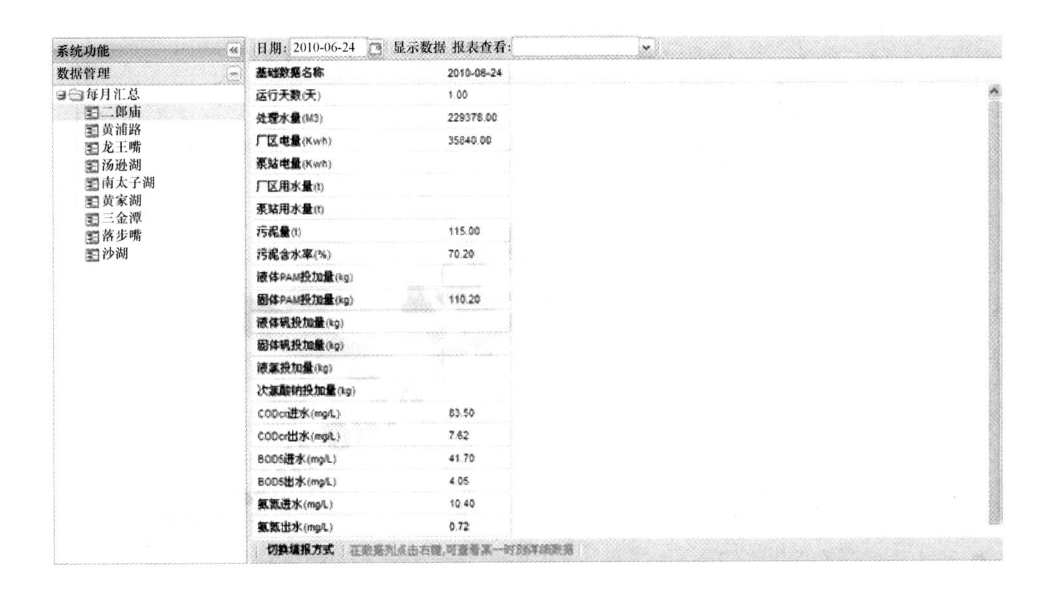

图 5-7　数据管理 2

系统功能

历史数据查询

每月汇总
二郎庙
黄浦路
龙王嘴
汤逊湖
南太子湖
黄家湖
三金潭
落步嘴
沙湖
实时报警信息管理
历史报警信息管理

类型：生产运行　基础数据：请选择　基础数据：请输入搜索关键字　日期：2010-06-24　时间点：请选择　搜索　刷新

时间点	基础数据	数值	偏移量
2010-06-24 00:00	二郎庙氨氮出水(mg/L)	0.72	0
2010-06-24 00:00	二郎庙氨氮进水(mg/L)	10.4	0
2010-06-24 00:00	二郎庙BOD5出水(mg/L)	4.05	0
2010-06-24 00:00	二郎庙BOD5进水(mg/L)	41.7	0
2010-06-24 00:00	二郎庙泵站电量(Kwh)		0
2010-06-24 00:00	二郎庙泵站用水量(t)		0
2010-06-24 00:00	二郎庙处理水量(m^3)	229378	0
2010-06-24 00:00	二郎庙CODcr出水(mg/L)	7.62	0
2010-06-24 00:00	二郎庙CODcr进水(mg/L)	83.5	0
2010-06-24 00:00	二郎庙厂区电量(Kwh)	35840	0
2010-06-24 00:00	二郎庙厂区用水量(t)		0
2010-06-24 00:00	二郎庙设备完好率(%)		0
2010-06-24 00:00	二郎庙设备运转率(%)		0
2010-06-24 00:00	二郎庙S5出水(mg/L)	5	0
2010-06-24 00:00	二郎庙S5进水(mg/L)	72	0
2010-06-24 00:00	二郎庙T3出水(mg/L)	10.3	0
2010-06-24 00:00	二郎庙T3进水(mg/L)	16.4	0

第1页 共2页　　第1-20条数据 总条数 31条

图 5-8　数据管理 3

C　远程监视模块

如图 5-9 和图 5-10 可以看出：

（1）实时生产运行状态可使用 IE 浏览器，通过互联网进行远程查看。

（2）生产运行状态采用动画、3D 等多种数据展现形式，生产运行情况直观查看。

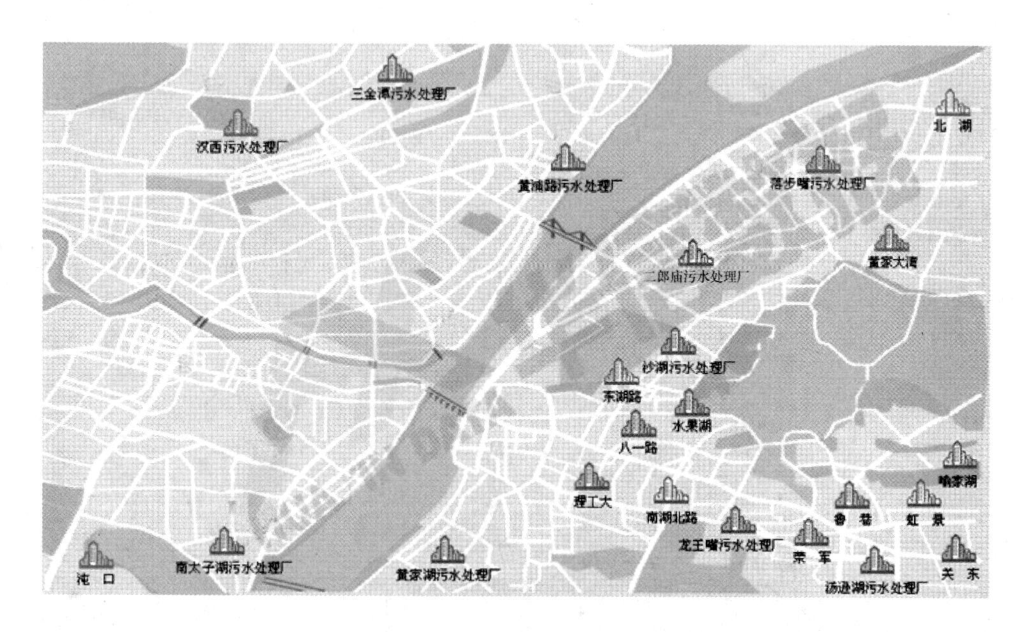

图 5-9　远程监视 1

（3）点选运行画面中的设施设备时，可查看该设施设备基本档案、关键运行数据及数据波动曲线等信息。

（4）智能的数据监控机制，发现数据超出限定值，可自动进行声、光、电等多种形式报警。

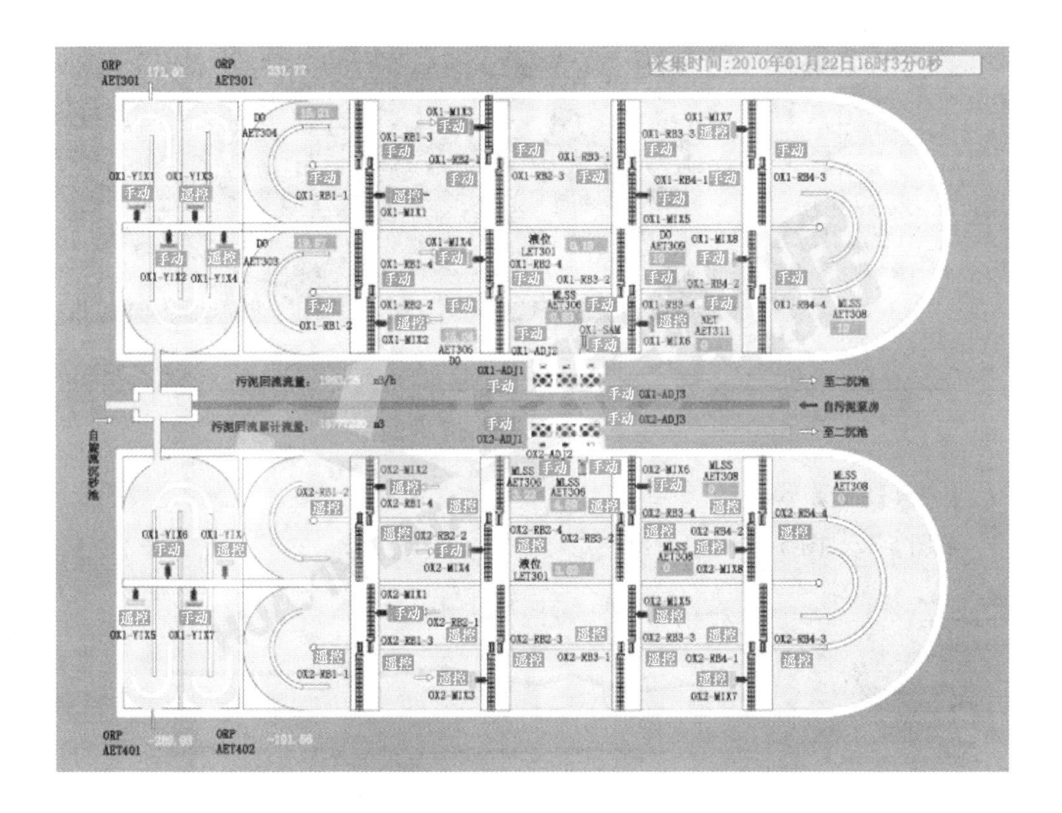

图 5-10　远程监视 2

D　视频监视

从图 5-11 可以看出：

（1）通过与视频监控系统集成，可对视频监控数据实现规范管理。

（2）在远程监视中集成视频监控数据，可远程查看各设施设备的实时监控视频画面。

E　设备管理

（1）具备基本的设备档案管理功能，为数据管理和远程监视提供设备信息支持。

（2）可无缝升级为华信设备资产管理系统，实现设备资产的全面管理。

图 5-11　视频监控

F　基础报表管理

从图 5-12、图 5-13 可以看出：

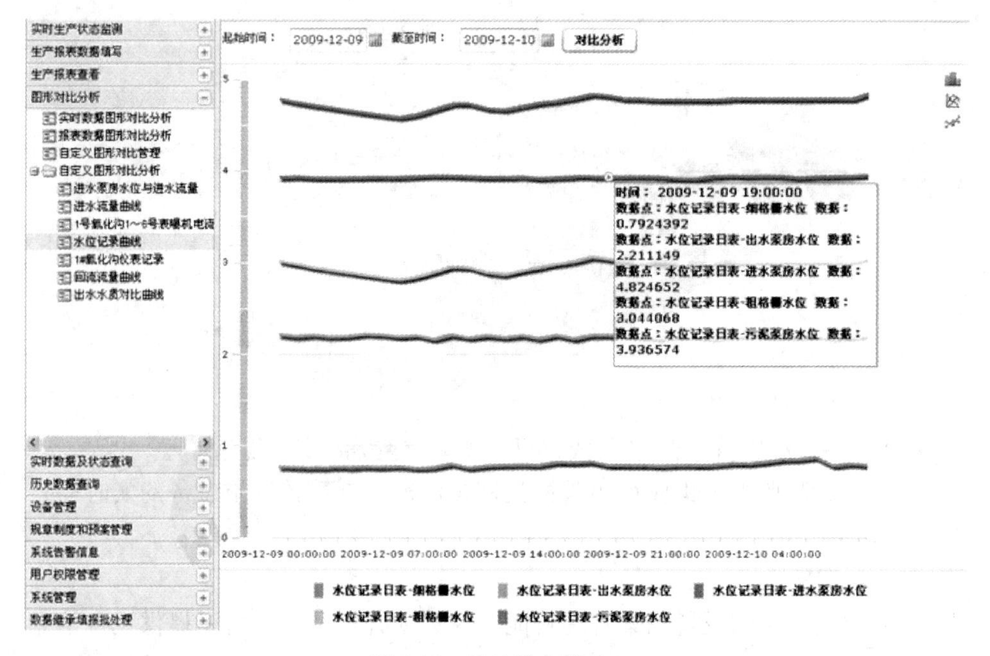

图 5-12　基础报表管理 1

（1）可对生产运行数据进行汇总及统计计算，自动生成各类生产运行工作报表，提高准确性和工作效率。

（2）报表可自动生成，并可轻松导出为 EXCEL 报表，用于记录生产运行情况。

（3）具有数据统计分析功能，使数据的波动情况、数据间的对比情况直观展现，为运行管理人员提供参考依据。

（4）具有可选配的报表自定义功能，实现报表样式及报表包含数据的灵活定义，使报表管理工作自由度更高。

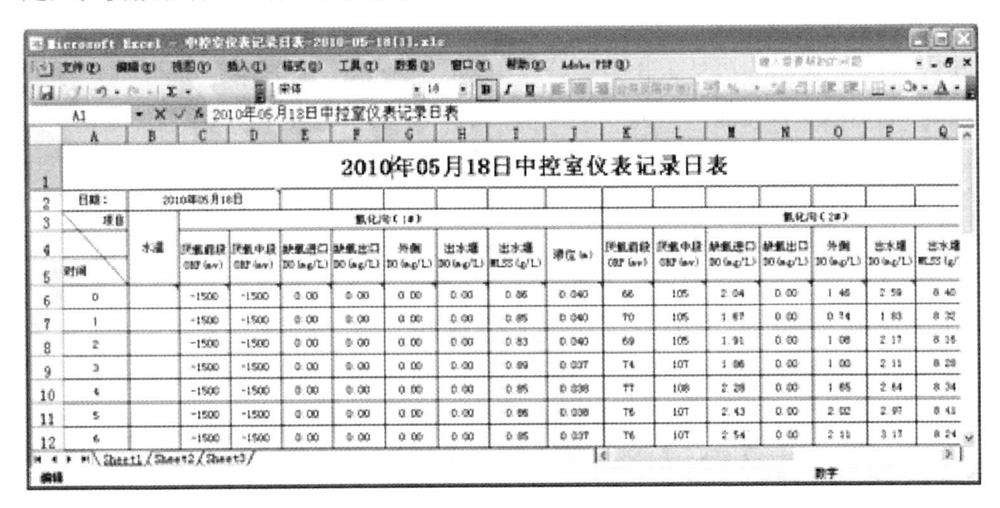

2010年05月18日中控室仪表记录日表

日期：2010年05月18日

项目/时间	水温	氧化沟（1#）厌氧前段 ORP (mv)	厌氧中段 ORP (mv)	缺氧进口 DO (mg/L)	缺氧出口 DO (mg/L)	外侧 DO (mg/L)	出水端 DO (mg/L)	出水端 MLSS (g/L)	液位 (m)	氧化沟（2#）厌氧前段 ORP (mv)	厌氧中段 ORP (mv)	缺氧进口 DO (mg/L)	缺氧出口 DO (mg/L)	外侧 DO (mg/L)	出水端 DO (mg/L)	出水端 MLSS (g/L)
0		-1500	-1500	0.00	0.00	0.00	0.00	0.86	0.040	66	105	2.04	0.00	1.46	2.59	8.40
1		-1500	-1500	0.00	0.00	0.00	0.00	0.85	0.040	70	105	1.67	0.00	0.74	1.83	8.32
2		-1500	-1500	0.00	0.00	0.00	0.00	0.83	0.040	69	105	1.91	0.00	1.08	2.17	8.35
3		-1500	-1500	0.00	0.00	0.00	0.00	0.89	0.037	74	107	1.86	0.00	1.00	2.11	8.28
4		-1500	-1500	0.00	0.00	0.00	0.00	0.85	0.038	77	108	2.28	0.00	1.65	2.64	8.34
5		-1500	-1500	0.00	0.00	0.00	0.00	0.86	0.038	76	107	2.43	0.00	2.02	2.97	8.41
6		-1500	-1500	0.00	0.00	0.00	0.00	0.85	0.037	76	107	2.54	0.00	2.11	3.17	8.24

图 5-13　基础报表管理 2

5.2.2　能耗成本管理和安全生产管理

5.2.2.1　能耗成本管理

A　系统概述

智能抽取各类与能耗成本的相关的生产运行数据，进行统计汇总，实时生成各类能耗成本指标，使能耗成本的管理快捷、准确、高效。

（1）水耗、电耗、药耗数据快速统计，自动生成。

（2）各类指标图形化直观对比，能耗成本直观展现。

（3）可与财务软件进行成本数据交互调用。

B　能耗成本管理分类

城镇污水处理能耗可以分为直接能耗和间接能耗两部分，直接能耗主要来源于电力、煤矿和天然气等能源消耗，比如鼓风曝气电耗、污泥浓缩脱水电耗、厂区照明能耗等，直接能耗直接反映了污水处理厂直接能耗情况；间接能耗包括凝剂、铝盐等材料生产所需要的能量消耗。当前我国城镇污水处理能耗分析方法有多种：生命周期评价法、比能耗分析法、单元能耗分析法、模糊综合评价法及层次分析法等。城镇污水处理厂能耗层次分析法是将能耗作为一个系统，将目标分解成若干层次，深入分析本质，通过定性指标模糊量化方法提出多方案优化决策。

通过对污水处理厂主要用电设备现场调查，按照层次分析法可以将能耗划分为三阶段：污水处理厂预处理阶段、生物处理阶段和污泥处理阶段，其能耗比例分别为 24.79%、71.14%和 4.07%，前两阶段是能耗重要阶段。其中污水处理场预处理阶段设备利用率达到 79%，生物处理阶段和污泥处理阶段设备利用率超为 50%左右。转碟曝气机是生物处理阶段主要能耗，占全厂能耗的 68.67%。按照节能分析潜能将设备按照节能顺序划分：转碟曝气机>进水泵>离心脱水机>搅拌器>输砂泵>螺杆泵。

城镇污水处理能降耗技术措施和有效途径污水处理节能措施要从高效新工艺的研究和开发入手，加强各单元工艺节能新设备的应用研究，落实污泥处理单元高效药剂的研发，比如混凝剂和助凝剂等。当前，污水处理厂的主要研究方向有：对关键工艺段的节能降耗研究和污泥焚烧及焚烧后残渣的资源化利用研究。

a 污水提升系统节能措施

污水处理厂提升系统电耗占到污水厂全部电耗的 20 豫，其节能措施可以从三方面入手：泵的节能设计选型和改造、优化污水厂高程设计和加强运行管理节能。根据实际工况选择选择合理的水泵运行台数，对于轴流泵和导叶式混流泵，可采用变角调节；对于离心泵和蜗壳式混流泵，则可采用变速调节。使用变频调速设备可使水泵平均转速比工频转速降低 20%以上。采用挡板、阀门调节流量可节能 40%~60%。优化污水厂高程设计，利用重力流自流实现能源节约。加强运行管理节能，合理启动水泵，杜绝频繁启动水泵的情况，遵循一用一备的原则，合理使用水泵，保证水泵工作在高水位状态，利用峰谷电价进行间断污水处理。

b 曝气系统的节能措施

曝气系统耗能站整个污水处理的 60%~70%，其节能潜力最大，是节能减排的重中之重。曝气系统设计首先要选择合理的规模，并且进行合理的布置工作，综合考虑曝气系统调节能力和曝气效率，选择合适的曝气设备，纯氧曝气工艺氧转移速率高、电耗低，新兴的敞开式纯氧曝气法基建费与普通空气法相差不多，但可节能 30%~40%。精确曝气可利用 DO 控制方式，有效减少氧的过量供给。DO 控制和曝气池供氧采用模糊逻辑控制策略，达到精确控制曝气池内的氧浓度目的。精确曝气控制理念：将在线仪表、阀门和鼓风机控制集成到一个智能化控制系统中，通过动态优化调节供气量，形成“前馈+反馈+生物处理模块”的系统，尽量按照按需供气，从而达到污水处理厂出水水质和节能目的。

c 污泥处理系统的节能措施

污泥处理系统电耗占总能耗的10%左右，污泥处理可以通过浓缩、脱水、消化等工艺降低污泥含水量，然后选择高效低能脱水设备，比如多带式压滤机和螺旋压榨式脱水机。采用厌氧消化预处理工艺，将太阳能用于污泥消化与干燥过程，实现污泥浓缩脱水一体化。降低物料消耗，采用新型PAM、混凝剂的使用，实现物料循环应用。污泥可以再利用，应用在农用、堆肥、作建筑材料等方面，提高能源利用效率。由于高浓度污水耗电量大，鼓风机供出的热风温度高达150%，含有较多的尚未利用的余热，所以可以加强余热利用，提高节能效率。

C 能耗查询管理

能耗查询管理指各种能耗数据通过EXCEL图表、相应的能耗信息管理系统进行按需进行查询。其查询结果方便领导进行决策，以及一般工作人员对能耗数据的分析统计，以优化其能耗流程，减少能耗等过程。

5.2.2.2 安全生产管理

A 系统概述

iWaterSIP-安全生产管理系统从水务企业达标出水的生命周期评价的角度，以保障出水达标为核心，以防止生产运行过程中发生安全事故和对周围环境产生污染为主线，借助信息化手段提高水务企业安全生产运行的管理水平的综合应用系统。

iWaterSIP-安全生产管理系统通过分析影响水务企业安全运行的因素，从保障出水达标、防止生产运行过程中发生人员伤亡、防止对周围环境产生污染和建立健全完善的管理制度等方面，通过信息化管理手段建立健全生产、操作、培训、考核的水务企业安全运行管理体系，将安全生产管理的思想贯彻到操作者、管理者、决策者，提高各级人员安全意识、明确权责，保障安全生产管理流程畅通，从而对预防及减少水务企业的安全事故发挥积极作用。

B 系统功能模块简介

从图5-14可以看出，水务安全生产管理系统包括安全文档管理、安全排查、人员管理、安全培训、事故管理、危险源管理和安全演练等模块。相关工作人员在系统使用过程中，自然就能熟练掌握相关子功能。

5.2.3 生产运行管理和设备管理

5.2.3.1 生产运行管理

A 系统概述

iWaterPMS-生产运行管理系统采用基于浏览器的B/S架构设计，整合了分散、无序、多介质的各类生产运行数据，建立起企业生产运行数据填写、上报、导出报表、统计分析等信息化管理体系和快速、准确、高效的数据共享与交换机

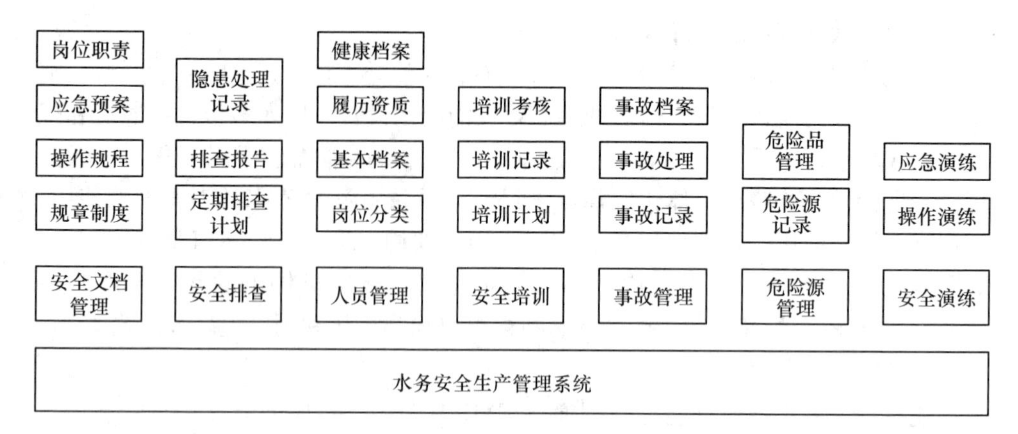

图5-14 水务安全生产管理系统

制，实现以水务企业生产运行全过程管理为核心，详尽记录企业生产运行过程中的工艺运行、水质化验、设备运行、设备状态、能源消耗等数据，最终形成完整的企业生产运行管理信息化模式。

iWaterPMS-生产运行管理系统对于单个污水处理厂而言，实现了电子化的生产运行数据记录、信息化的数据查询共享方式、规范化的生产运行管理体系、智能化的数据汇总和统计、高度灵活的报表配置和导出、图形化的数据统计分析结果展现，从而提高生产运行数据的准确性，减少管理人员数据统计分析的工作量，提高生产运行管理效率。

iWaterPMS-生产运行管理系统对于集团化的水务企业而言，建立了网络化的下属企业生产运行数据上报机制，实现了对下属企业的远程运行监管。各下属企业上报的生产运行数据智能化的汇总和统计，快速形成企业整体的生产运行各类报表，为企业整体运营管理、决策提供参考数据。通过本系统将极大地提高下属企业上报数据的及时性和准确性，减轻总部运管人员的汇总计算、统计分析的工作量，提高企业运行监管工作效率，提升企业整体信息化管理水平。满足了水务企业针对生产管理科学化、规范化、专业化、信息化的迫切需要。对于水务企业，生产运行数据是企业生产运行控制、安全生产保障、生产优化调度、生产计划制定、生产成本分析等运营管理业务决策的最基础、可靠、有力的依据。水务生产运行管理系统则为企业提供了一套先进的生产运行数据信息化管理工具。通过该系统的使用，企业生产控制层和决策管理层之间信息传输更加实时、准确、直观，提高管理效率。使企业信息化前进了一大步，为企业的信息化发展奠定了坚实的基础。

B 功能模块简介

(1) 数据管理：

1) 完整的生产运行数据记录体系，清晰记录各类生产运行数据。

2）简洁、直观的数据填写记录方式，数据填报快捷、准确。

3）信息化的数据共享体系，一次填写就可多处引用，减轻填写工作量。

4）规范的数据填报审核机制，实现逐级审核，逐级上报。

5）详细的权限控制机制，精确到具体填报数据项，确保数据的安全。

6）智能的数据修改日志记录，可准确查找到数据被修改前后的各类信息。

7）强大的数据固化机制，在数据到达固化时限时，只有通过数据修改审核流程才可再对历史数据进行修改。

8）智能优化的数据存储机制，所有生产运行数据可至少保存五年，并可根据用户的需要进行长时间存储设置。

（2）报表管理：

1）体系化的生产运行记录报表，轻松管理各类生产运行数据。

2）详尽的报表周期设置，可实现各类不同频度（分钟、小时、间隔小时、日、周、月、季、半年、年）的报表。

3）标准的报表样式，实现集团统一化、规范化管理。

4）灵活的计算公式配置功能，可实现复杂计算关系的准确计算。

5）数据计算快速高效，避免人工计算引起的各类错误。

6）智能的定时计算功能，保证每天都可查看到最及时、准确的报表数据。

7）先进的报表生成导出机制，可轻松导出为 EXCEL，形成多厂站数据汇总、多 sheet 页分类的报表。

8）强大的报表生成、在线查看、下载控制机制，保证报表数据的安全。

9）可配置的报表上报审核机制，保证报表上报的真实性、准确性。

（3）图形统计分析：

1）多种形式的图形显示效果，轻松实现曲线图、柱状图、饼图、趋势图等效果。

2）直观的统计分析配置，使管理人员摆脱纷乱复杂的数据，轻松获取各类数据变化、波动情况。

3）强大的数据统计计算配置，可轻松获取各类数据计算后结果变化趋势。

4）分析结果轻松导出，可形成 JPG、GIF、PDF、EXCEL 等格式，供各类演示、报告、文件调用。

5）统计分析方案可保存和共享，实现方案复用和分享给其他用户，通过长期积累可形成丰富的统计分析方案库。

6）可轻松实现不同数据项间、不同时间段间、不同厂站间对比，为集团公司进行横向、纵向比较提供有力的分析工具。

7）智能的数据筛选机制，实现根据设定的条件，筛选出符合条件的自身数据以及其他相关数据。并可导出成 Excel。

（4）客户价值：

1）各类数据电子化存储，历史查询、导出、统计快速、准确、高效。

2）高效的数据共享机制，减少数据重复录入，极大提高数据的准确性和工作效率。

3）完善的生产运行管理体系，为企业实现标准化、规范化、精细化管理提供了完善的应用系统。

4）极大提高集团企业对下属厂站的运行监管效率，提升企业信息化管理水平。

5）为企业管理信息化发展打下坚实的基础，后续信息化管理发展前景广阔。

6）iWaterPMS-生产运行管理系统可与其他水务产品（远程监视管理、化验室管理系统、设备资产管理系统、办公OA系统等）进行无缝连接或升级，实现水务企业的全面信息化管理。

C 生产运行管理框架图

生产运行管理系统主要包括设备管理、报表管理和数据管理三大模块，如图5-15所示。设备管理子系统可将其他设备资产管理系统的设备相关信息导入，提高了管理效率；报表管理子系统含运行记录、化验数据、能耗成本和图形统计分析子功能；数据管理含污水处理记录、污泥处理记录、仪表设备记录、药剂投加记录和化验室记录等子功能。

整个系统采用分布式系统，集团总部可以进行控制全国各个子站点，故操作系统应该采用多任务多用户的LINUX或UNIX操作系统。

5.2.3.2 设备管理

A 系统概述

iWaterEAM-设备资产管理系统通过对设备管理中的各类数据的分析、判断，辅助企业有效把握故障的规律，提高故障预测、监控和处理能力，减少故障率，为设备管理人员和企业管理者提供决策依据。

iWaterEAM-设备资产管理系统可提高资产的运行可靠性与使用价值，降低维护成本与维修成本，保障企业安全生产运行，最终实现提高资产利用率、降低企业运行维护成本、优化企业维修资源、合理安排维修计划及相关资源与活动的目标，从而提高企业的经济效益和企业的市场竞争力。

B 系统功能特点

（1）涵盖设备的整个生命周期，实现完善的设备管理体系。

（2）设备管理工作流程标准化、规范化、系统化，有效提高了信息传递实时性、准确性。

（3）设备故障维修的相关信息准确传递给各级管理人员，增加信息透明度，提高工作效率。

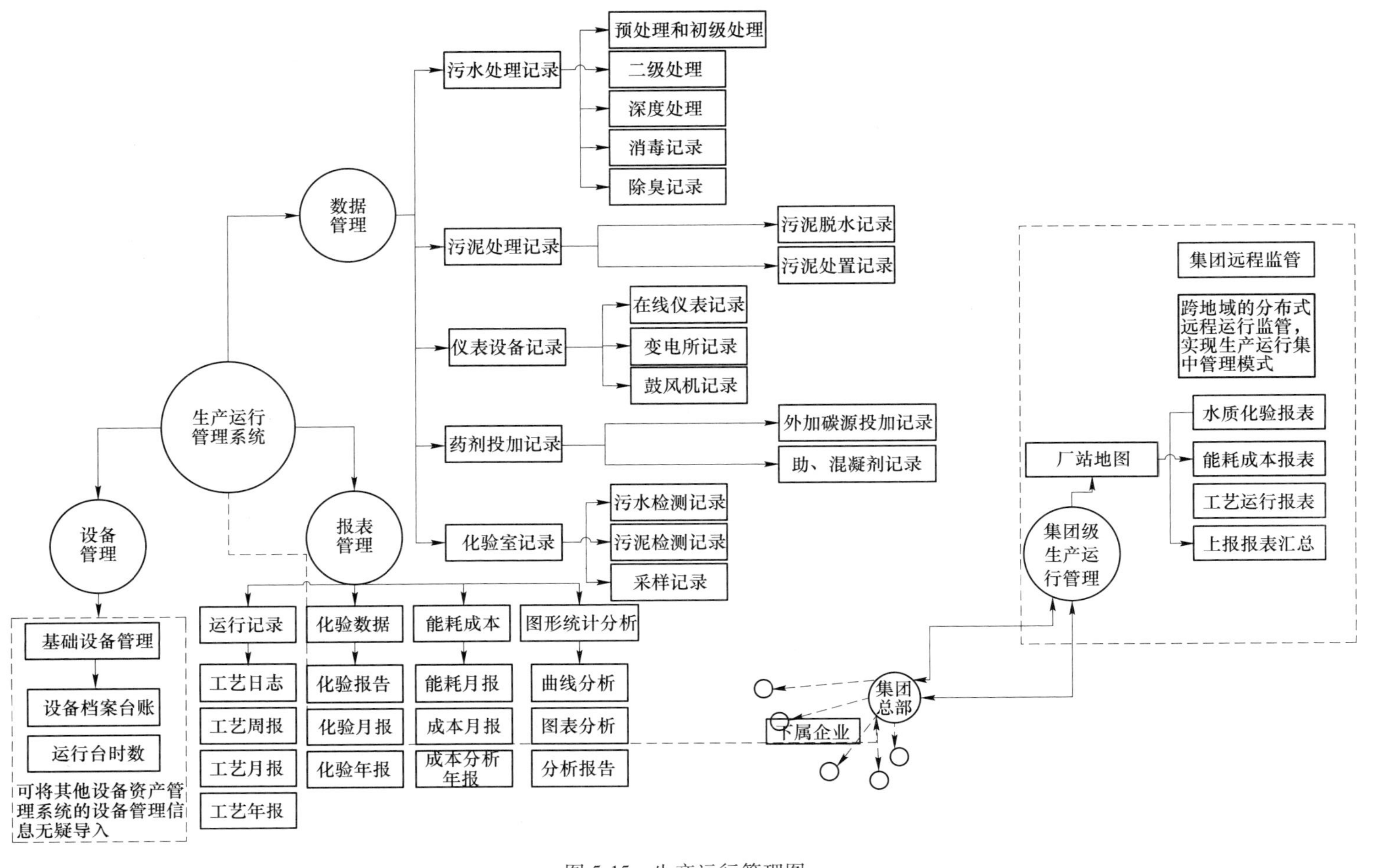

图 5-15 生产运行管理图

(4) 强大的统计分析功能，实时、准确生成各类统计数据，为管理决策提供可靠依据。

(5) 系统采用模块化设计，可与其他产品进行无缝连接，扩展应用功能。

(6) 系统可通过华信数据采集平台，直接从 SCADA 系统中获取设备运行数据，提高数据可靠性，减轻操作人员工作量。

(7) 系统提供开放的数据接口，可为第三方软件提供可靠设备相关数据。

C 设备资产管理系统图

设备资产管理框架图，如图 5-16 所示。

5.2.4 运行考核管理和办公管理

5.2.4.1 运行考核管理

A 绩效考核现状

基于竞争原则，山东省城市供水水质在线监测系统的运行管理工作确定了 2 家运维商，按照区域划分维护工作范围开展运维工作。

目前水务企业绩效考核现状分析：

(1) 水务企业绩效考核指标存在缺失的现象。水务企业绩效考核制度中存在指标缺失的问题，这主要表现在两个方面：一方面，在供水企业现行绩效考核制度中的考核结果主要采用主观评分的方式，而很少采用量化指标，尤其是对于职能部门来说，量化指标更少，这就导致其评价结果受主观性影响较大，随意性也较大，并且其考核内容也不够全面，缺乏健全的考核指标库；另一方面，很多水务企业都是由总公司和分公司两个主体结构构成的，而总公司对分公司的管理并不能够面面俱到，尤其是在对接部门的考核细则上存在不足，出现利润情况、内部验收、客户投诉与满意度还有质量控制考核等方面的考核指标的缺失，在这种情况下，总公司就难以对各分子公司进行考核，也就无法对其真实绩效水平进行衡量和了解。

(2) 水务企业绩效考核结果存在失真的现象。通过对一些供水企业绩效考核体系的了解发现，他们在绩效的管理和考核中往往采用将被考核者的直接上级作为唯一评价主体的方法，这就使评价的主体受到极大的限制，影响了考核的准确性，同时也使绩效考核失去了公平性和客观性，这样的评价结果是不能作为员工的绩效水平的真实反映的。另外，绩效评价是由企业的管理者主导的，一些管理者由于碍于情面、私人关系等多种人为因素，在绩效评价中加入了过多的主观色彩，这就使评价与员工绩效表现存在不符，对绩效激励与公正产生了不良影响，造成绩效考核结果失真。

(3) 水务企业绩效考核结果运用受到局限。最开始，绩效考核的目的主要是为了给企业对员工绩效和能力进行了解的反映指标，企业在管理中往往将其应

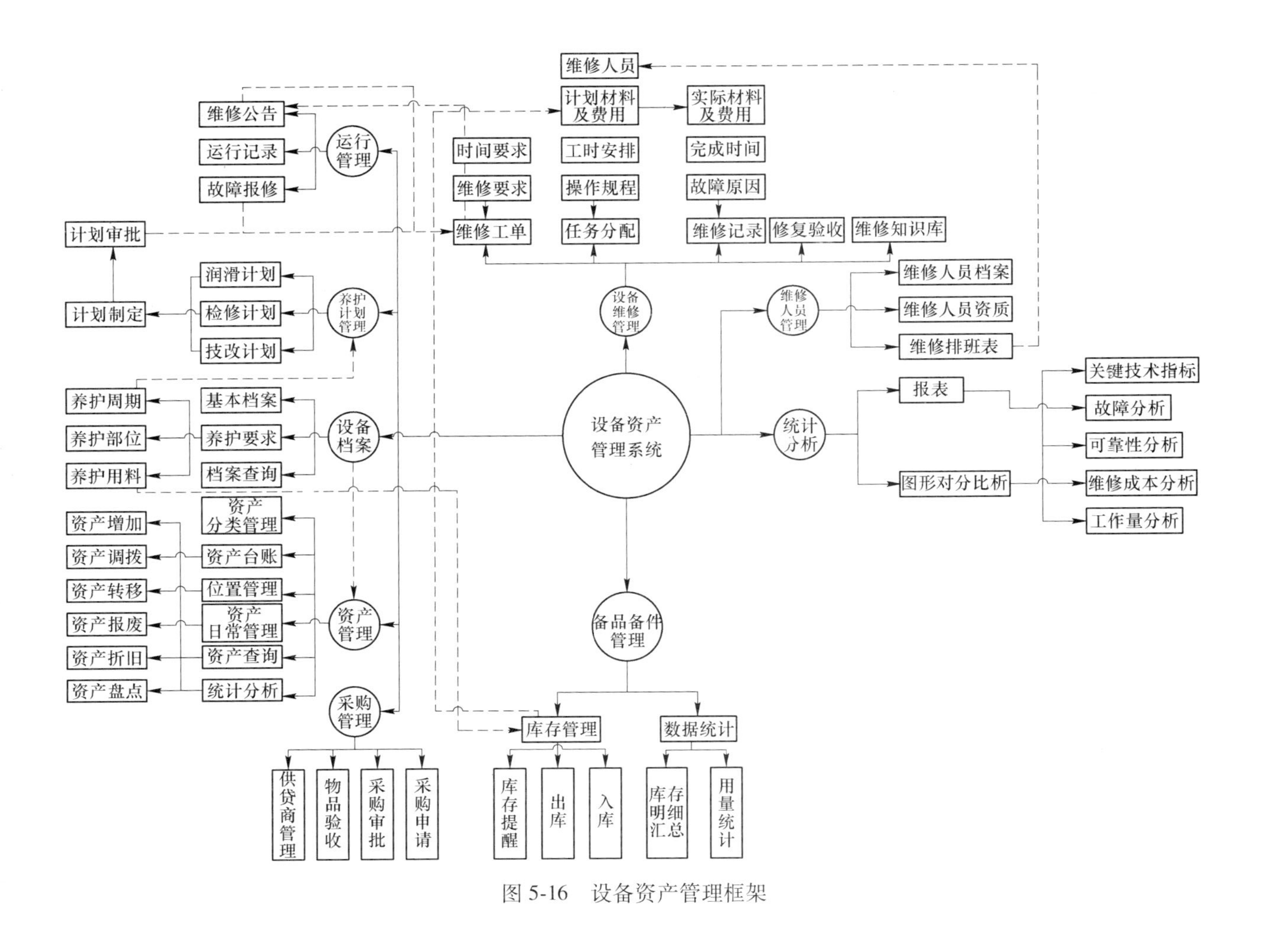

图 5-16　设备资产管理框架

用于员工的调配、晋升、工资或奖金分配、培训机会等方面，对员工的发展以及企业的发展都具有很大的促进作用。然而，我们也可以看到，一些企业在绩效考核之后并没有对其评价结果进行充分而合理的运用，而是由于碍于情面等因素存在。在分配工资或奖金时仅仅象征性的有点差别，不利于员工工作积极性的激发。再加上，绩效考核最多也只是在工资或奖金的发放中运用，而在培训、晋升等方面的极少得到合理的运用。另外，绩效考核评价得出结果之后，企业管理层也没有与员工进行积极的沟通，对其工作中存在的不足给予改进意见，这就不能使员工的绩效水平得到反映。

B 考核标准制定

现以四川省广安市水务局水务工作目标绩效考核管理办法为例进行介绍。

第一章 总则

第一条 为了健全全市水务行业年度目标绩效考核管理机制，确保全面完成年度水务工作目标任务，特制定本办法。

第二条 各区市县水务局为市水务局工作目标绩效考核的责任单位。

第三条 市水务局成立市水务行业年度工作目标绩效考核小组。考核小组由市水务局主要负责人任组长，其他局领导为副组长，局务会组成人员为成员。市水务局办公室承担全市水务目标绩效考核的日常工作。

第四条 各区市县水务局工作年度目标绩效考核各项指标基础分为 100 分，包括工作目标完成情况、市水务局领导评议（其中主要领导占 40%，其他领导占 60%）、市水务局副调研员、科室站负责人评议。

第五条 绩效考核得分=工作目标考核得分×80%+局领导评议得分×10%+副调研员、科室站负责人评议得分×10%+获奖加分-各项扣分。

第二章 目标制订

第六条 各目标责任单位应于每年 3 月底前上报当年工作要点。

第七条 市水务局根据省水利厅、市委、市政府和相关业务管理部门安排布置的年度工作任务，结合水务行业发展的实际，综合平衡后下达当年工作目标任务；新增或调整工作目标任务，市水务局另行文下达。市水务局下达的年度工作目标全部纳入当年目标考核。

第八条 各目标责任单位要将总体目标任务分解到岗位，责任落实到人头，及时掌握目标执行进度，分析目标执行中存在的问题，并认真研究解决。市水务局将对目标责任单位的主要目标执行情况分季度进行通报，对要求限期办理的重要事项及时督查督办。

第三章 目标考核

第九条 市水务局对目标完成情况的考核按日常检查、阶段考核和年终考核相结合，被考核单位自查、考核组现场考核和考核小组年度考核相结合的原则进行。

第十条　考核年度工作目标完成情况包括考核市水务局下达的各项工作目标完成情况和年度目标管理情况。

第十一条　各目标责任单位6月底前对上半年目标执行情况进行自查，写出半年工作总结报告，由其目标责任单位负责人签字盖章后报市水务局；12月底前，各目标责任单位对年度工作目标完成情况进行全面自查，写出年度工作总结报告，并附年度工作目标完成情况及其自查得分表，一同上报市水务局。目标责任单位半年和年度工作总结报告，应重点反映该单位半年和年度目标任务完成情况、工作亮点、主要问题、下一阶段工作措施。

第十二条　市水务局在各目标责任单位年度自查总结的基础上，于次年2月底前对被考核单位水务工作目标完成情况进行考核，并将考核结果抄送各区市县委、县政府，报市委、市人大常委会、市政府、市政协和有关部门。

第十三条　实行定量指标和定性指标考核相结合，分项进行考核。定量指标在自查的基础上，以省水利厅、市政府及相关业务主管部门掌握公布的年度法定统计数据或查验认可的数据资料为依据；定性指标在自查的基础上，以市级以上人民政府和有关部门颁发的证书、奖状以及报刊、文件资料为依据。市水务局根据考核项目综合评分并累计积分。

第十四条　考核项目基本分总分为100分，根据考核单项工作完成任务情况和加分、扣分因素，予以加分或扣分。年终考核累计积分和单项计分精确到0.01分。

第十五条　明确为定量的目标项目，考核时以实际完成量与目标值的比例计分，每项指标得分最高不超过本项目分值的100%，最低为0分。不能量化的目标项目，圆满完成任务得满分；未完成任务的，分别比照上述规定酌情扣分。无考核任务的，按基本分值计分。考核项目另有计分要求的，从其要求。

第十六条　新增目标按行文确定的分值考核计分，并计入总分；调整目标的计分，按目标任务调整前原定分值进行计算。

第十七条　目标责任单位在行业职能范围内的工作获奖的，按下列标准加分：

（一）获得部省级单位或相当级别的非常设议事协调机构（国家的委员会、指挥部、领导小组）水务行业职能范围内奖励的，按一、二、三等级分别加计2、1.8、1.6分，未明确等次的，按1.8分加计。

（二）获得市厅级单位或相当级别的非常设议事协调机构（中央非常设机构办公室和省非常设机构委员会、指挥部、领导小组）水利行业职能范围内奖励的，按一、二、三等级分别加计1、0.8、0.6分，未明确等次的，按0.8分加计。

（三）获得省水利厅下属部门或市水务局奖励的，加计0.3分。

（四）上级原定不予安排的项目，通过目标责任单位努力安排的项目资金，且超额完成项目争取任务的，每超十个百分点加0.5分，最高加分不超过5分。

（五）承担全市水务工作现场会的每次加0.5分，全省水利工作现场会每次加2分，省、市单项工作现场会每次分别加0.5、0.2分。

（六）创新工作得到省部级表彰、宣传和推广的，加5分；创新工作得到市委、市政府表彰、宣传和推广的，加2分。

（七）凡非表彰性达标、升级、合格、履职、命名、情况通报和完成任务的，不予加分。

（八）同一水务业务工作在不同单位获奖的，以最高奖励级次为准，加分1次，不重复加分。

（九）上级机关决定、批准、同意奖励而由下一级机关出文表彰奖励的，以上级机关级别确定其奖励级别，并予以加分；否则，以出文机关级别确定是否加分；凡水利部流域委员会奖励的，按市、厅级单位颁奖加分。

（十）获奖加分的项目，需由目标责任单位出示真实、权威、有效的受奖证明资料。

第十八条　水务宣传任务得分按目标责任单位在宣传方面的单项考核得分×10%计算。

第十九条　目标责任单位工作出现下列情形的，按下列标准扣分：

（一）上报省市各类统计报表（以要求局负责人签字盖章的报表为准），每逾期缓报送1期（次、份）的扣0.1分；虽按时报表但重要指标漏（错）报的，每期（次、份）扣0.15分；拒不报送的，每期（次、份）扣0.2分。

（二）逾期缓报水务工作单项总结、半年总结和年度总结材料的，每项（次、份）减0.3分，拒不报送的每项（次、份）扣0.5分。

（三）未按要求时间和内容报送年度工作目标完成情况及其自查得分表的，酌情扣0.5分。

（四）未按时限要求办理市水务局确定的工作任务，被书面通报的，每通报1件（次）扣0.3分；未按时限要求办理市水务局交办的重要事项，被督办通报的，每督办通报1件（次）扣0.5分；市水务局形成单项通报的，以通报所扣分值为准。

（五）上班期间无人值班直接影响工作的，每发生1次扣0.5分。

（六）未根据市水务局会议通知按时参加市局召开的各类会议的，每迟到1次扣0.5分，未请假而缺席的每1次扣1分；凡通知单位主要负责人参会，未经会议主持人同意而自行指定其他负责人代会的扣0.5分；市委、市政府召开的会议，水务部门负责人未按通知要求参会的，每次扣1分。

（七）因未履行职责或履行职责不当受到上级机关处理的，每发生1次扣1分。

（八）未按要求完成督查督办事项被问责的，每发生1次扣1分。

第二十条　凡当年发生安全生产责任事故，受到同级及以上安全生产监督管理部门立案处理的和发生工程资金管理失控而受到党纪政纪处分或刑事处罚的，该目标单位年度目标考核不得评为一等奖和二等奖。

第四章　评　议

第二十一条　由考核小组组长分别组织局领导和局副调研员、科室站负责人对目标责任单位按百分制评分。

第五章　目标奖励

第二十二条　目标责任单位年度目标绩效考核结果作为评选先进、项目支持的重要依据；考核结果经局党组研究评一等奖1名、二等奖2名，由市水务局颁发“××年度水务工作综合目标考核一等奖、二等奖”奖牌；并分别奖励一等奖现金1万元，二等奖现金0.5万元。

C　智能化考核方式

根据山东省城市供水水质在线监测系统运行管理要求，运维商负责水质在线监测站点的运行维护工作，内容包括水质在线监测站点的站房、设备、通信设备及附属系统，保障水质在线监测设备正常运行，数据上传准确及时有效。总体上要求，有效运行率90%以上，报表上报率100%，质控合格率85%以上，人员能力考核合格率100%。为保证水质在线监测系统运行的有效性，必须对运维商维护工作的及时性、完整性进行考核。依据水质在线监测站点运维工作的特点，将考核内容进行细化并量化赋分，根据考核得分支付相应运维费用。考核内容具体分为在线监测站点的运行维护、监测设备维护、质量管理、报表上报、应急处置、服务质量等六项。

（1）监测站点的运行维护。监测站点的运行维护分为监测站房、给排水系统、通信及控制系统三个方面的考核。

监测站房运行维护内容包括每月对所运行站点进行巡查、运行维护工作，检查水、电等符合设备运行要求，保障站房内部及周围环境卫生，确保仪器具有良好的运行环境。每季度巡检出勤率需达到100%，并填写完整的运行维护记录。

给排水系统运行维护内容包括对各站点给排水系统根据设备运行要求（包含流通池及其他附属设施）进行维护清洗，保障设备正常运行。

通信及控制系统的运行维护包括检查数据采集仪的运行状态、通信状况并定期进行重启，检查工控系统的运行状态并定期进行重启。

（2）监测设备运行维护考核。在线监测设备的运行维护是整个水质在线监测系统运行维护的核心。由于目前城市供水系统尚未制定城市供水水质在线监测系统运行维护与考核的相关技术规范，为保障系统运行维护工作正常开展，山东省城市供排水水质监测中心与运维商共同制定了氨氮、高锰酸盐指数、余氯（二氧化氯）、浑浊度、pH 等 29 个监测指标水质在线监测设备的运行维护规程。确定了维护频率、更换试剂配件的频率、设备性能维护要求。这些规程经过双方确认后，作为运行维护工作考核的依据。

（3）质量管理考核。为保障水质在线监测数据的有效性，根据维护工作经验，制定了在线监测设备质量管理考核制度，分为质量控制考核、仪器比对考核、人员能力考核三个方面。

质量控制考核由山东省城市供排水水质监测中心组织、运维商配合，通过标样考核和水样比对（实验室测定）两种方式进行，每季度覆盖所负责运维的所有监测指标，一年内覆盖所有监测设备。总体质控合格率需在 80%以上，标样考核误差在 10%以内为合格，水样比对误差应在 15%以内。仪器比对考核只涉及出厂及管网在线监测点（余氯和浊度），由运维商进行在线监测设备监测与便携式设备检测比对，每个月覆盖所有相关运维站点。人员能力考核由监测中心组织对运维人员设备实操考核，现场随机出题由运维人员进行操作，根据完成情况确定是否通过。

（4）报表上报考核。作为城市供水主管部门，要求运维商提交运行维护工作报表是一项重要的监管方式，也是考核的一项内容。维护工作报表主要分为周报和其他报表上报两个方面。

周报内容要涵盖本周内的所有运维工作内容、仪器比对情况、应急处置情况及其他维护内容，每周定期以邮件的形式上报本周内运维站点运行状态及工作内容，上报率不得低于 100%。

其他报表包括水质在线监测站点试剂更换申请表、水质在线监测站点试剂更换记录表、水质在线监测站点零配件更换申请表、水质在线监测站点零配件更换记录表、应急处理维护记录、水质在线监测站点便携式仪器比对记录表、停/启运记录等。这些报表均需按时上报，上报率要求 100%。

（5）应急处置。根据山东省城市供排水水质监测中心近年来的维护经验，在线监测站点的运行会经常出现意外情况，比如管路漏水、站点停水、数据异常、设备故障等。为及时排除这些应急情况，需要运维商及时赶到现场，对现场情况进行查看、排除故障，避免大的事故或水质事件的发生。所以，要对运维商应急处置及时率作为考核的一项内容。及时排除水质在线监测站点系统和仪器出现的故障，运营商需在 4 小时内到达现场检修，检测结果及时以电话形式上报，并当天以邮件形式上报详细应急处置情况。故障处理结束后，以书面形式报告，应急处置及时率 90%以上。

（6）服务质量。此项考核评分依据运行维护考核期间总的服务质量，酌情给分。

D 考核评估报告

一直以来城市供水都受到政府和用户的高度关注，这主要是因为它与广大人民群众的生产、生活息息相关，是人们稳定生活的基本保障。改革开放之后，国家对水务企业的发展提出了努力提高经营效率，不断提升服务水平的要求；与此同时，随着改革的进展，供水企业的产权结构逐渐开始明确清晰，法人治理结构也得到逐步完善，企业的管理也逐渐开始规范化和现代化，这就对企业员工提出了新的、更高的要求。

按照现代企业模式建立起来的供水企业，首先要面对的就是仍然处于改革前的员工队伍，企业需要做的就是通过建立与现代化企业模式相配套的企业规范化管理体系，对员工的观念进行改变，并积极引入内部竞争机制，促进员工队伍竞争意识的提高。绩效考核就是这样一个工具。我们所说的绩效考核是绩效管理中的一个重要内容，它是以改善员工的工作表现为目标，将最终达到企业和个人发展的“双赢”作为最终目的，通过系统的方法、原理来对员工在工作岗位上的行为和效果进行评定和测量，并将其结果应用到员工薪酬调整、奖金发放还有职务调整等的评价和决策中。

通过绩效考核，企业能够全面掌握员工工作中存在的不足，并能够通过原因的分析，与他们进行沟通和交流，使他们明白自身的缺点，并通过一定的指导帮助员工对自己的不足进行充分的认识和改善。另外，通过绩效考核，供水企业还能够发现供水企业员工的潜能，这有助于促进员工工作效率的提高。不过绩效考核是一柄“双刃剑”，如果应用不得当也会对员工的工作积极性产生挫伤，非常不利于企业未来的发展进程。水务企业员工绩效考核体系完善措施的分析如下：

（1）企业发展战略作为绩效考核的基本依据。企业的战略目标是个人责任、指标和奖励的基本依据，战略目标也是企业绩效管理实践的出发点和落脚点，要结合企业战略规划制定具体战略目标，并把战略目标分解到年度，形成年度经营计划，然后再通过绩效管理的目标分解工具，逐步分解落实到部门、业务单元直至具体人员，形成相关岗位员工的关键业绩指标（KPI）；利用激励等手段推动完成既定的关键业绩指标任务，以期达成公司战略目标的实现。

（2）确立符合企业实际的绩效考核业绩指标库。业绩指标主要由两部分构成的，一部分是将制定好的企业经营发展目标层层分解到个人，形成个人KPI（关键业绩指标）；另一部分是根据岗位工作分析的结果——岗位职责说明书得到的员工的CPI（普通业绩指标）。通过将企业战略、岗位职责与员工表现统筹考虑，形成个人岗位的绩效指标。绩效指标一般包括四个方面：对员工的道德水平和工作态度的考核，对员工的实际工作能力的考核，对员工的出勤率、主动性、纪律性等方面的考核，以及对员工的工作效率和效果的考核。

（3）设计与绩效考核配套的合理薪酬制度。加强职位评估，强调岗位级别取决于岗位价值，打破传统意义上的“行政级别”，尤其要突出关键岗位的价值，形成责任和收益相匹配的良好机制，通过签订关键岗位业绩合同来落实。优化薪酬结构及其设置内容，可以设置福利、基本工资、绩效奖金和年度兑现奖，加大绩效考核对薪酬变动的联系。实行岗位薪酬宽带化管理，对同一岗位薪酬标准设定多个档次，最大限度发挥薪酬激励机制在每个职级中的作用。通过综合考虑员工的胜任能力、业绩表现、从业经验等因素，利用带宽管理激励员工提升自我。

（4）注重绩效考核中的绩效辅导和沟通反馈。绩效辅导是连接绩效目标和绩效考核的中间环节，这个过程的好坏直接影响着最终目标的实现；企业应根据相关职责要求和规章制度，通过相应的检查形式，包括日常行为检查、岗位履职检查，以及其他专项检查等，建立常规化的直接分管领导对员工的监督、辅导机制，并将有关绩效数据信息书面化，形成有据可查的资料。通过建立绩效沟通反馈机制，实现长期的、持续的绩效沟通和对绩效考核指标的不断积累、优化和修订。企业应采取民主测评、员工访谈、合理化建议等方式，切实构建制度化和有效的员工沟通申诉渠道，促进整个绩效管理体系的功能展现和作用发挥，为确保企业绩效考核的公平，还应建立绩效沟通出现障碍时的考核申诉机制，明确申诉期限、方式和具体的处理流程。

（5）加强企业绩效考核结果的合理应用。企业绩效考核结果的运用主要可以从以下几个方面来实施：一是，将考核结果与员工月工资和奖金的发放联系在一起；二是，将考核结果作为员工年度奖金发放的依据；三是，将考核结果作为对绩效等级相对较低的员工给予指导和激励的依据；四是，将考核结果作为司的培训措施和计划的制定提供参考依据；五是，将考核结果为实施员工忠告计划和负强化的依据；六是，将考核结果作为培养企业文化的依据。通过这些途径，能够促进员工工作积极性的提高，进而促进员工的工作绩效的提高，部门绩效的提高，最终达到增强企业的核心竞争力的目的。

5.2.4.2　办公管理

A　系统概述

iWaterOA-办公管理系统通过建立信息化的办公管理体系，针对水务企业通知公告制定与发布管理、公文收发管理、工作日志管理、人事档案与薪酬管理、工程项目管理、合同与档案管理、物资采购管理、行政管理（考勤管理、会议管理、车辆管理、办公用品管理）等功能进行了优化处理，使水务企业日常办公中的各类业务信息网络化传输与共享、电子化查询与管理，充分满足了水务企业规范化、标准化、精细化、集约化管理的需求。

iWaterOA-办公管理系统采用模块化设计，用户可根据需要选择所需的功能，既可适应单厂的办公管理，也可适应集团化公司的办公管理，更能通过与华信数据的生产运行管理、设备资产管理、化验室管理等系统的无缝融合实现水务企业的行政办公与生产运行各类信息的互通与共享，有效提高企业的综合管理水平。

B 工作流程

为了保证整个系统的设计和未来的实施具有合理的体系架构和良好的扩展性，同时和其他相关单位的电子政务服务平台应用具有良好的接口，办公信息管理系统的总体设计原则如下。

（1）整体性。系统整体设计能有效实现后台一体化管理，前端满足水务管理用户个性化需求，系统标准化程度高。

（2）先进性。采用当代计算机及应用系统发展趋势的主流技术，技术先进并趋于成熟的、被公众认可的优质产品。

（3）易用性。系统的设计尤其重视用户界面的友好性，简洁活泼、美观实用、提示准确。

（4）实用性。充分利用原有的投资设备，提供与各类现有业务系统进行衔接的良好接口。

（5）高效性。系统提供对各类事务处理的高效性。

（6）可靠性。本系统的正常运行直接关系到是否能够实现各部门的高效工作。

（7）安全性。基于政府的特殊地位，系统必须采取严格的保密措施。

（8）适应性和灵活性。由于改革的深入，不可避免地需要进行政府机构及人员的调整，系统将提供充分的变更与扩展能力，适用政府机构及人员的调整。

其工作流程如图 5-17 所示。

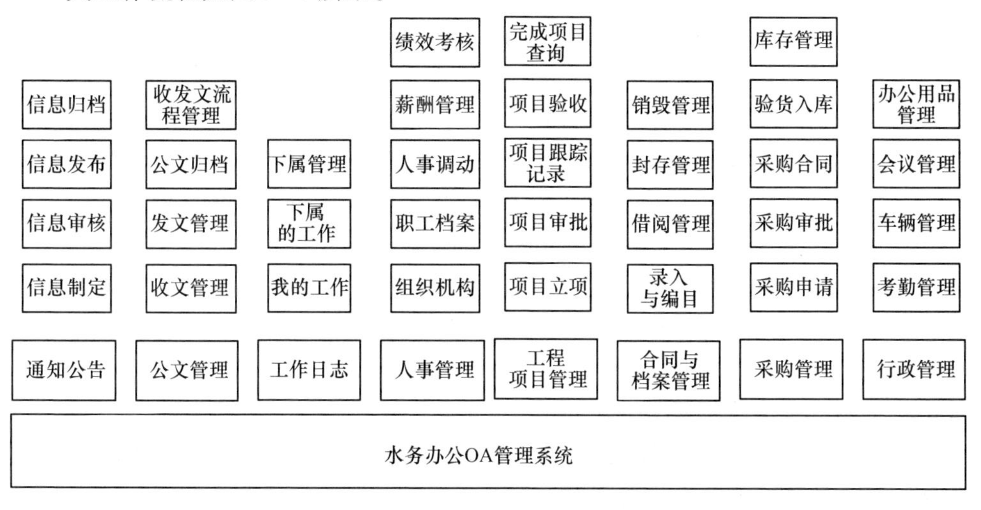

图 5-17 水务办公 OA 管理流程

常见的水务办公 OA 一般含图 5-17 所示的相应模块，在每一管理子项下，给出了其工作流程，例如通知公告其工作流程：1）制定信息；2）信息发给领导审核；3）领导审核通过后，进行信息发布；4）最后，对本月，本季，本年的信息发布进行归档。其他管理子模块按此逻辑理解并实施。

C 办公流程跟踪

本节通过会议管理流程详细剖析办公流程的跟踪管理，如图 5-18 所示。

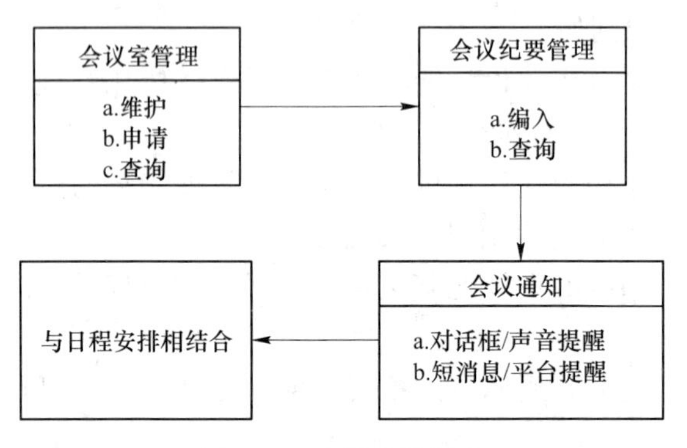

图 5-18 会议流程跟踪

通过辅助办公平台可以从与会者、书记员、会议室预定和管理等方面管理会议，并可以通过 UMS 系统将消息和会议资料分发给与会者，具有会议记录功能，并可以按照时间、主题等进行分类和检索，系统支持全文检索功能。会议管理组件和日程安排组件完美地结合在一起。

（1）会议报名。用户可以利用此功能申请会议和会议室，申请后该会议室就会被占用。其他人员就无法使用，这样可以有效地进行会议安排而避免发生时间和地点上的冲突。申请会议提供会议日程、参会人员等信息的发布和维护功能，实现会议计划、准备、记录、查询的功能。在会议召开前进行会议准备，准备内容包括合理安排会议的参加人员、时间、场地、内容议题、准备会议文件，以电子邮件或打印通知单的方式发放会议通知等。

（2）会议通知。会议管理和系统消息模块连接。可以通过即时消息和手机短信两种方式按照预定的时间通知用户参加会议。

（3）会议安排。包括参加会议、已开会议等会议日程、参会人员等的发布和维护。用户进入参加会议功能后，可以看到自己将要参加的会议有哪些，进一步可以查看该会议的具体情况，方便快捷、迅速有效；可以查看过去已经召开完毕的会议情况和会议记录，方便简单。

（4）会议室管理。管理员可对会议室的信息进行管理，也可添加、删除会议室，统一协调；同时，还可以对所有会议室的规模、设备服务配置和使用时间安排进行管理。

（5）已定会议室。申请会议前，可先了解一下哪些会议室可用，哪些会议室已经被占用，防止发生冲突，既方便简单，又快捷有效。

（6）会议纪要管理。对已召开会议可对出席情况、议题讨论结果、会议决议等内容做记录并整理，会议结束后，会议参与人还可以从中直接下载会议资料、议题等文件。

（7）会议查询。对已召开会议的会议纪要、参加人员、时间、会议室等信息及未召开会议的会议计划、准备、参加人员、时间、场地、内容议题、准备会议文件等进行查询。

（8）删除会议记录。当会议记录较多时。可以用此功能进行清除工作；可自由选择要清除会议记录的时间段。

D 文件归档及管理

为了实现档案查询网络化，减轻工作人员的劳动强度，减少枯燥的重复劳动，在完善公文处理的基础上，逐步实现文档一体化，系统提出了如查询组卷等许多新的构思，帮助用户更好地对文件进行分类、组合，真正实现计算机辅助组卷。针对工作职能划分，本系统分为系统管理员用户、档案处用户、归档用户、查询用户、工程档案用户五种用户。归档用户主要根据科技处理数据进行计算机自动立卷、分散立卷，然后将立卷档案移交给档案处，档案处负责对档案进行集中管理，查询用户从网络通过授权查询和利用档案对网络办公提供了非常好的解决方案。

档案管理主要有以下特点：

（1）无限地扩展能力。系统内置文书档案、科技档案、财务档案等标准的档案类型。同时支持自定义档案。

（2）与办公信息管理系统无缝连接。办公信息管理系统中含有归档模块，可以对公文等流程内的文档无损地归档，档案系统中含有公文解析模块，可以将公文数据完整还原。

（3）紧贴档案实务，符合最新国家标准。集成了档案专家和一线档案工作者多年的丰富经验。功能全面、流程规范；遵循档案的相关标准，包括著录标准、信息分类和主题词标引规则、整理标准、数据交换标准、电子文件存储标准等。

（4）丰富的搜索手段，快捷的检索效率。档案分类检索。用户可存储查询条件，将档案信息在逻辑上进行分类管理；可跨库检索，提供元数据检索、全文检索，检索方式可订制，检索结果可保存修改。

【任务实施】

智慧管网 SCADA 系统主要为城市供水管网的安全、可靠、平稳、高效、经济地运行而设计的一套基于生产和管网运行的数据监测和运行控制系统。可以将自来水公司管辖下的取水泵站、水源井、自来水厂、加压泵站、供水管网等重要供水单元纳入全方位的监控和管理。借助该系统，供水调度中心可远程监测各供水单元的实时生产数据和设备运行参数；可远程查看重要生产单位的实时监控视频；可远程管理水泵、阀门等供水设备；可以实时了解供水管网运行情况；可以远程监测全市供水管网的压力及流量情况，科学指挥各水厂启停供水设备，保障供水压力平衡、流量稳定；实现工艺流程透明化、生产数据公开化和重要环节可视化，为供水工作的科学调度和安全生产提供可靠保障，其网络拓扑框架如图 5-19 所示。

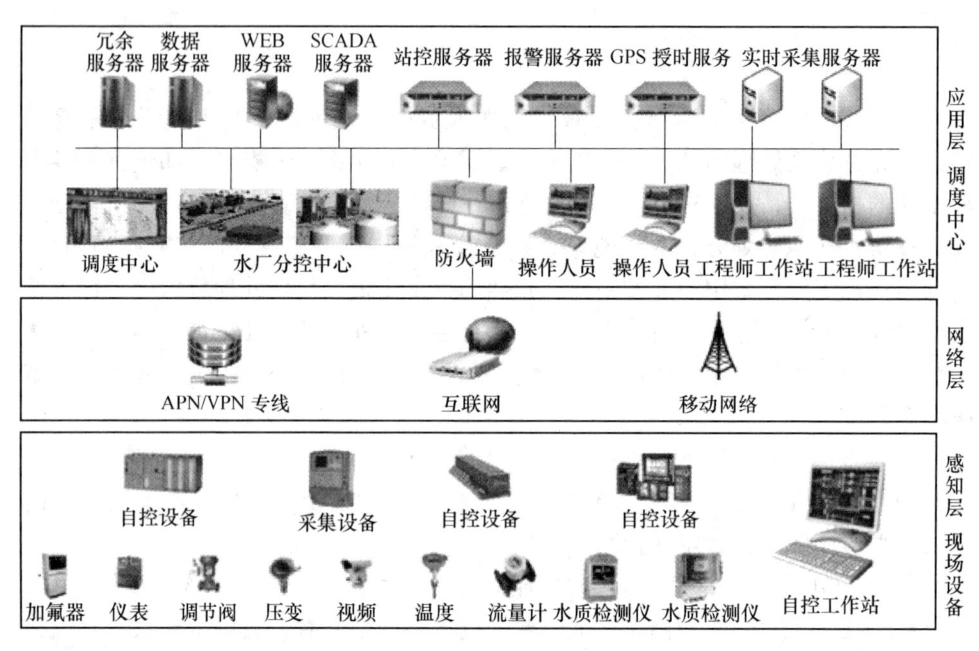

图 5-19 智慧管网 SCADA 系统框架

系统主要特点：

（1）系统架构。系统采用模块化设计，组态灵活方便，每个功能模块可灵活配置，方便系统升级扩展。

（2）通信方式。采用有线或无线传输方式完成整个系统的数据采集和传输，无线传输有 433/470 或公网 2G（GPRS、CDMA、GSM）、3G（WCDMA、TD_CDMA、CDMA2000）、4G（TD-LTE）或有线方式（485、MBUS、以太网、光纤）等多种通信方式，可根据现场实际情况选用一种合理的可靠的通信方式。

（3）本系统使用 B/S 架构设计。客户端无需安装软件，支持目前各种主流浏览器，可适用单机版用户、局域网用户、广域网用户。

（4）数据监测。实时监测水源地水位、泵站压力和流量、泵站运行状态和电流、电压等运行参数；水厂蓄水池和清水池水位、进出厂流量、出厂水质和压力；监测水厂内配电设备、净水设备和加压泵组的运行状态和运行参数，以及供水管网压力、流量、流向等。

（5）智能告警。实时监测管网异常情况，如水位、压力、电流、水质超限流、泵房异常、现场断电、人员闯入等状况发生时，系统立即报警信息。

（6）DMA 分区计量漏控分析。根据分区流量数据采集分析，生成产销差报表。

（7）丰富的图表分析功能。支持水位、压力分析，流量统计，泵房能源等图表分析功能。

（8）无限期数据存储。采集数据可无限期保存。

（9）安全权限控制。可设置不同的角色控制操作员的访问权限。

（10）WCF 接口。采集服务器可提供 WEB SERVICE、WCF（Windows Communication Foundation）接口。

（11）软件“看门狗”技术。支持进程自恢复，可实现 24×7 不间断工作。

（12）通信安全保障。所有通信数据都经过加密传输，非法采集设备无法连接。

（13）GPS 校时功能。可对采集设备进行远程广播校时。

任务 5.3　智慧水务项目规划书制作

【任务说明】

招标文件的制作。

【预备知识】

5.3.1　重庆市招投标条例

2008 年 9 月 26 日重庆市第三届人民代表大会常务委员会第六次会议通过。2016 年 7 月 29 日重庆市第四届人民代表大会常务委员会第二十七次会议修订，共七章五十六条。其主要内容包括：第一章　总　则，第二章　招标与投标，第三章　评标专家，第四章　开标、评标和中标，第五章　监督检查，第六章　法律责任，第七章　附　则。

5.3.2　招投标撰写格式

5.3.2.1　投标书的概念与作用

投标是在招标活动中，投标者按照招标单位提出的标准、条件和报价，填具标单，争取中标的经济行为。因此，投标书是指投标单位在充分领会了招标文件的内容，经过认真考察和研究之后，决定对某项目进行投标，而根据招标单位要求填写，向招标单位递送的书面文件。

投标书也称标函或标书。投标书是对招标文件的响应，投标单位应在其中提出具体的投标方案、项目报价、投标方的各种有利条件，争取中标。在正式开标之前，投标书应该严格保密。

5.3.2.2 投标书的内容与写作

A 标题

一般写明投标项目及文种，如《××项目投标书》，也可以只注明《投标书》。

B 正文

投标书的正文应具体写明本次投标的项目名称、数量、规格、技术要求、报价、交货（或完成）的日期、质量保证等内容。投标书的内容应该真实、详细，注意突出本单位的优势，但不得夸大其词，虚构或瞒报本单位的基本情况。

C 有关证明

为了保证招标单位的利益和招标工作的顺利进行，投标单位应在投标书中出具有关资格证明文件，证明投标单位是合格的，而且中标后有能力履行合同，同时还要证明投标人提供的货物及其辅助服务是合格的货物和服务。

D 落款

写明投标单位的全称、地址、联系方式、联系人，以便及时与其联系。

致：____

根据贵方为____项目招标采购货物及服务的投标邀请____（招标编号），签字代表____（全名、职务）经正式授权并代表投标人____（投标方名称、地址）提交下述文件正本一份和副本一式________份。

(1) 开标一览表。

(2) 投标价格表。

(3) 货物简要说明一览表。

(4) 按投标须知第14、15条要求提供的全部文件。

(5) 资格证明文件。

(6) 投标保证金，金额为人民币　　元。

据此函，签字代表宣布同意如下：

(1) 所附投标报价表中规定的应提供和交付的货物投标总价为人民币元。

(2) 投标人将按招标文件的规定履行合同责任和义务。

(3) 投标人已详细审查全部招标文件，包括修改文件（如需要修改）以及全部参考资料和有关附件。我们完全理解并同意放弃对这方面有不明及误解的权利。

（4）其投标自开标日期起有效期为　　年　月　日。

（5）如果在规定的开标日期后，投标人在投标有效期内撤回投标，其授标保证金将被贵方没收。

【任务实施】

智慧水务项目招标实例

智慧水务设计方案——康源水务招标公告
招标公告——投标邀请

四川南充某水务（集团）有限责任公司关于某汽车城配套无负压供水加压设施采购项目的货物、服务进行国内公开招标，现欢迎国内合格的投标人前来提交密封的投标。

一、招标货物名称、数量及主要技术规格：详见招标货物一览表

二、招标文件购买时间

凡有意参加投标者，请于 2017 年 2 月 7 日起至 2017 年 2 月 13 日（法定公休日、法定节假日除外），每日上午 9：00 时至 12：00 时，下午 3：00 时至 5：00 时（北京时间，下同），在南充市顺庆区和平西路 24 号 7 楼招标合同部购买招标文件。未在规定时间内购买招标文件的潜在投标人将失去投标资格。

三、招标文件售价

招标文件售价为 400 元人民币，售后不退。

四、投标截止时间

投标文件应于 2017 年 2 月 20 日上午 9：00 之前提交到南充市顺庆区和平西路 24 号 8 楼会议室，逾期收到的或不符合规定的投标文件将被拒收，并将其原封不动地退回投标人。

五、开标时间、地点

（一）开标时间：2017 年 2 月 20 日 上午 9：00；

（二）开标地点：南充市顺庆区和平西路 24 号 8 楼会议室

六、投标人对本次招标文件提出质疑的，须在知道或者应知其权益受到损害之日起七个工作日内（并在招标文件公告期限届满之日前三个工作日之前提出），以书面原件的形式与四川南充康源水务（集团）有限责任公司联系。

七、发布公告的媒介

与本次招标有关的公告信息同时在以下媒介发布，请投标人关注。

四川南充康源水务（集团）有限责任公司（http：//www. nckysw. com/）

南充市国资委（http：//www. ncsgzw. gov. cn/）

八、联系方式

四川南充康源水务（集团）有限责任公司

地　址：南充市顺庆区和平西路 24 号 7 楼招标合同部

邮　编：637000

电　话：0817-2327199

传　真：/

联系人：易先生

电子信箱：/

九、投标保证金缴交银行账号

开户名：四川南充康源水务（集团）有限责任公司

开户行：南充市工行延安路支行

账　号：2315539109022100890

5. 3. 3　项目规划书模板

5. 3. 3. 1　总论

A　项目概况

（1）项目名称。

（2）项目的承办单位。

（3）项目报告撰写单位。

（4）项目主管部门。

（5）项目建设内容、规模、目标。

（6）项目建设地点。

B　立项研究结论

（1）项目产品市场前景。

（2）项目原料供应问题。

（3）项目政策保障问题。

（4）项目资金保障问题。

（5）项目组织保障问题。

（6）项目技术保障问题。

（7）项目人力保障问题。

（8）项目风险控制问题。

（9）项目财务效益结论。

（10）项目社会效益结论。

（11）项目立项可行性综合评价。

C 主要技术经济指标汇总

在总论部分中，可将项目计划书中各部分的主要技术经济指标汇总，列出主要技术经济指标表，使审批者对项目作全貌了解。

5.3.3.2 项目背景

（1）项目建设背景。

（2）水务项目建设必要性。

（3）水务项目建设可行性：

1）经济可行性。

2）政策可行性。

3）技术可行性。

4）模式可行性。

5）组织和人力资源可行性。

5.3.3.3 分析及预测

（1）项目市场竞争调查。

（2）项目市场前景预测。

（3）产品方案和建设规模。

（4）产品销售收入预测。

（5）项目市场规模调查。

5.3.3.4 建设条件

（1）资源和原材料。

（2）建设地区的选择。

（3）厂址选择。

5.3.3.5 技术方案

（1）项目组成。

（2）生产技术方案。

（3）总平面布置和运输。

（4）土建工程。

（5）其他工程。

5.3.3.6 环保

（1）建设地区环境现状。

（2）项目主要污染源和污染物。

（3）项目拟采用的环境保护标准。

（4）治理环境的方案。

（5）环境监测制度的建议。

（6）环境保护投资估算。

（7）环境影响评价结论。

（8）劳动保护与安全卫生。

5.3.3.7 组织人员

（1）企业组织。

（2）劳动定员和人员培训。

5.3.3.8 进度安排

（1）项目实施的各阶段。

（2）项目实施进度表。

（3）项目实施费用。

5.3.3.9 财务测算

（1）项目总投资估算。

（2）资金筹措。

（3）投资使用计划。

（4）项目财务测算相关报表。

（注：财务测算参考《建设项目经济评价方法与参数》，依照如下步骤进行：

（1）基础数据与参数的确定、估算与分析。

（2）编制财务分析的辅助报表。

（3）编制财务分析的基本报表估算所有的数据进行汇总并编制财务分析的基本报表。

（4）计算财务分析的各项指标，并进行财务分析从项目角度提出项目可行与否的结论。）

5.3.3.10 财务经济

（1）生产成本和销售收入估算。

（2）财务评价。

（3）国民经济评价。

（4）不确定性分析。

（5）社会效益和社会影响分析。

5.3.3.11 结论

（1）结论与建议。

（2）附件。

（3）附图。

【任务实施】

重庆某重型钢结构有限公司喷漆项目环保治理整改设计方案
有机废气治理工程设计方案

A　概述

重庆某重型钢结构有限公司位于重庆市。该项目在生产过程中的喷漆工序使用油漆，油漆主要由水溶性树脂及乳液组成，在喷涂过程中产生的漆雾及挥发出来的废气，其主要成分均为非甲烷总烃，产生浓度约为150mg/m^3，该废气为高污染性、有刺激性气味，对人体健康有较大的危害。

为了消除环境污染，该公司决定对该废气进行整改治理。受其委托，由我公司提出废气治理整改设计方案。

B　设计原则及依据

（1）设计原则：

1）认真贯彻和执行国家关于环境保护的方针政策，遵守国家有关法规、规范、标准。

2）采用成熟可靠的工艺，设备选型要综合考虑性能，价格可靠，维护管理简便，运行费用低。

3）尽量减少对周围环境的影响，合理控制噪声、气味，工程建设完成后，力争达到社会效益、经济效益和环境效益的统一。设备要求高效节能、噪声低、运行可靠。

（2）执行依据：

1）根据贵公司的要求，对上光油工序的有机废气进行治理设计。

2）贵公司提供的有关资料。

3）《中华人民共和国环境保护法》。

4）《国家大气污染物综合排放标准》（GB 16297—996）。

5）广东省地方标准《大气污染物排放限值》（DB 44/27—2001）。

6）《机械设备安装工程施工及验收规范》（TJ 231—87）。

7）《工业管道工程施工及验收规范》（GBJ 235—82）。

8）《通风与空调工程施工及验收规范》（GBJ 243—82）。

9）《建筑安装工程质量检验评定标准》（通用机械设备安装工程）（TJ 305—75）。

10）《低压、配电装置及线路设计规范》（GBJ 54—83）。

11）《通用用电设备配电规范》（GBJ 50055—93）。

12）《环境工程设计手册》。

13）《三废处理工程技术手册》（废气卷）。

14）建设单位设计委托书。

15）建设单位提供厂平面图及有关资料。

16）ISO14000 环境管理体系文件。

C 设计范围

根据甲方提供的设计参数，承担该工程的工艺、土建设计，设备、管网、电气、自控的设计、选型、购买、安装、运行调试和培训操作人员。

D 设计目标

（1）废气净化后符合重庆市地方标准《大气污染物排放限值》（DB/50—2016）第二时段二级标准的要求（表 5-1）。

表 5-1 非甲烷总烃标准

污染物项目	非甲烷总烃/mg·m^{-3}
标准	120

（2）风量设计。项目喷漆车间有机废气经多点收集汇总后，采用两条主风管尺寸均为 D700mm，测得风速为 15m/s，经计算得每条风管的排风量为 14500m^3/h。本设计方案设计两套活性炭吸附器，每套处理方案 15000m^3/h。

E 处理工艺的选择及流程

（1）工艺流程：

废气→风管→干式过滤器→活性炭吸附→引风机→排放

活性炭请专业厂家再生

（2）工艺说明。车间有机废气通过吸气罩收集，在排风机作用下，经过管道输送进入干式过滤器，再进入活性炭吸附装置，有机污染物被活性炭吸附，净化后的气体经风机增压后达标排放。活性炭吸附饱和后，请专业厂家再生后回用。

（3）活性炭的吸附原理：

1）吸附现象是发生在两个不同的相界面的现象，吸附过程就是在界面上的扩散过程，是发生在固体表面的吸附，这是由于固体表面存在着剩余的吸引而引起的。吸附可分为物理吸附和化学吸附；物理吸附亦称范德华吸附，是由于吸附剂与吸附质分子之间的静电力或范德华引力导致物理吸附引起的，当固体和气体之间的分子引力大于气体分子之间的引力时，即使气体的压力低于操作温度相对应和饱和蒸气压，气体分子也会冷凝在固体表面上，物理吸附是一种吸热过程。化学吸附亦称活性吸附，是由于吸附剂表面与吸附质分子间的化学反应力导致化学吸附，它涉及分子中化学键的破坏和重新结合，因此，化学吸附过程的吸附热较物理吸附过程大。在吸附过程中，物理吸附和化学吸附之间没有严格的界限，同一物质在较低温度下往往是化学吸附。活性炭纤维吸附以物理吸附为主，但由于表面活性剂的存在，也有一定的化学吸附作用。

2）活性炭对废气吸附的特点：

① 对于芳香族化合物的吸附优于对非芳香族化合物的吸附。

② 对带有支键的烃类物理优于对直链烃类物质的吸附。

③ 对有机物中含有无机基团物质的吸附总是低于不含无机基团物质的吸附。

④ 对分子量大和沸点高的化合物的吸附总是高于分子量小和沸点低的化合物的吸附。

⑤ 吸附质浓度越高，吸附量也越高。

⑥ 吸附剂内表面积越大。吸附量越高。

F　参数设计

(1) 喷漆车间房设计：

1）设计面积：$200m^2$。

2）设计尺寸为：24m × 8m × 3.5m，夹芯岩棉板摺制，全封闭。材料型号 5mm。

(2) 气体管道：

1）设计风量：$Q=15000m^3/h=2.78m^3/s$。

2）取管道尺寸为：600mm×600mm，锌板摺制，0.8mm。

(3) 干式滤帘装置：

1）处理量：$Q=10000m^3/h=2.78m^3/s$。

2）过滤速率：1m/s，过滤面积：$2.78m^2$。

3）外形尺寸：L1300mm×W2000mm×H1400mm。

4）内置不锈细钢丝网环。滤丝网环定期更换及清洗。

5）数量：2 套（增设 1 套、利用原安装一套）。

(4) 活性炭吸附装置：

1）处理量：$Q=15000m^3/h=2.78m^3/s$。

2）活性炭吸附速率：0.2m/s。

3）吸附面积为：$14m^2$。

4）活性炭每层厚度为 0.3m，分上下 3 层布置，每层活性炭面积为 $5m^2$。

5）内装活性炭体积 $V=5×0.3×3=4.5m^3$，活性炭重 2.25t。

6）材质：钢防腐。用 3mm 厚的钢板制作。

7）外形尺寸：L2500mm×W2000mm×H2000mm。

取椰壳型常用气体吸附活性炭为参照标准，其性状如下：

8）形态：ϕ4～6mm 圆柱体；比表面积：1000～1500m^2/g；操作吸附量：0.26g/g。

9）核算可吸附量为：2250kg×0.26g/g=585kg。

10）项目有机废气产生浓度约为 120mg/m^3，以去除效率 50%计，则核算活性炭更换周期为 585000g/(0.06×10000) = 975h，据厂方提供资料，以实际每天平均工作时间 8h 计，则合全部再生更换周期约为 121 天，实际该厂平均月工作时间为 25d，则设计使用大于 3 个月。

11）数量：2 套（增设 1 套、利用原安装一套）。

（5）系统阻力：

1）活性炭吸附装置压力损失：800Pa。

2）过滤压力损失：200Pa。

3）管道压力损失：112Pa。

4）局部压力损失：75Pa。

5）系统总压力损失为：P=800+200+112+75=1187Pa。

6）理论设计引风机全压：P=1424Pa。

（6）风机：

2 台，风机型号：4－72－8C，风量为：16698m^3/h，全压 1890Pa，功率 22kW。（增设 1 台、利用原安装一台）。

G　管道设备安装

（1）基本原则：

1）满足使用功能要求，在满足工艺流程通畅的条件下使处理设施的布置紧凑合理、联系方便。

2）合理布局，力求与周围环境协调统一。

3）符合城市规划的要求。

4）充分结合利用地形、地势等条件，选择合理的结构类型，力求经济合理。

5）合埋地确定设计地面形式和设计标高，安装高度。

（2）总平面布置。根据场地的总体布局，按照废气处理工艺流程进行平面布置，以求布局合理，在满足工艺设计要求的条件下达到整体美观的目的。

H　电气设计

（1）本废气处理系统电源以 380/220 三相四线制。

（2）本处理系统电气设计由本站的总电源控制箱输入端起，厂方需将本站总电源控箱上的电源装好。

（3）各支线用铜芯聚氯乙烯绝缘电缆穿管敷设。

I　本公司提供的服务范围

（1）工程保修期为一年，终身售后服务。

（2）负责处理设施的安装，免费培训管理人员的操作及相关知识。

（3）随时提供更换设备或材料的技术咨询，遇到运行故障时可协助处理解决。

（4）保修期内定期协助检查处理设备、管道、风机的运行情况。

J　运行费用评估

（1）人工费。本处理站操作简单，只需兼职操作人员1名，故不计费用。

（2）电费。本处理站增加了1台22kW风机，电费按1元/(千瓦·时）计，则每小时运行费用为22元。

综上所述，本处理站每小时运行费用为22元。

K　工程预算

工程预算见表5-2。

表5-2　工程预算

序号	名　称	规　格	单位	数量	单价/元	价格/元	备注
1	主风管/mm	D600	m	60	350	21000	
2	干式过滤器/mm	1300×2000×1400	台	1	9800	9800	
3	活性炭吸附器/mm	2500×2000×2000	台	1	24600	24600	
4	活性炭/mm	$\phi5$	t	1.2	4000	4800	
5	加压引风机	4-72-8C，22kW	台	1	16800	16800	重庆
6	吸附器、风机、平台支撑架	8号槽钢、25圆管、30钢通、30角钢	座	1	4000	4000	
7	电控箱		套	1	4600	4600	
8	五金杂配件		项	1	2000	2000	
9	小计					87600	
10	运输费	(8)×3%			2628		
11	安装费	(8)×22.3%			19535		
12	临时建设费	(8)×2.5%					
13	综合管理费	[(8)+…+(11)]×5%			5488		
14	税　金	[(8)+…+(12)]×7.14%			8229		
15	合　　计				123480		

注：以上预算只是喷漆废气净化系统增设及改造费用；未预算喷漆车间房的改造费用。

×××公司　　　　　　年　月　日

【项目总结】

首先，对智慧水务运营管理模式进行了解析，给出了智慧水务常用的关键技术，分析了实现原理，列举了智慧水务的建设目标、内容和任务；然后，介绍了远程监视管理系统、水质化验管理系统、生产运行管理系统、设备管理系统、运行考核管理系统和办公管理系统；最后，详细讲解了重庆市招投标条件及标书制作和项目规划书的撰写。

【项目考核】

（1）列举智慧水务建设所需的关键技术有哪些。

（2）明确智慧水务建设的目标、内容、任务和措施。

（3）熟练操作常见智慧水务管理系统。

（4）制作水务管理类的标书制作。

（5）撰写智慧水务管理类的项目规划书。

【项目实训】

实训一

某水务集团下属污水处理厂站数量众多、分布广泛，集团的运营负责人采取的监管方式仅限于电话或者邮件，对下属厂的生产运营状况等信息不能及时掌控，出现问题即便立刻出差，耗时耗力的同时，相关问题也得不到及时解决，导致运营成本居高不下，问题却依然存在。请问如何解决这种分布式监管问题？

实训二

某水务集团生产运营主管通过严格的奖惩制度管理下属厂生产运行数据的记录，但是在一次集团会议上，老总请他拿出各分厂出水量对比分析，因为平时都是技术人员记录，然后通过 EXCEL 统计上报分析报表的，短时间统计分析还做不到。请问如何才能实时呈现水厂运行的各种状态信息？

实训三

标书制作是一个很严谨的工作，制作标书过程中不能出现任何差错，标书制作完以后必须认真检查，有时候制作标书过程中一个小失误就会让你错失一个工程，这种例子不在少数，所以标书制作一定要非常仔细地阅读招标文件，做好充分的准备。请给出标书制作的详细流程。

参考文献

[1] 李良庚．水务信息化刍议［J］．办公自动化，2009（8），总第162期．

[2] 万超，潘安君．信息资源管理——信息化建设的新阶段［J］．水务信息化，2007（4）．

[3] 余婧．浅析水利信息化建设存在的问题及其对策［J］．高新技术产业发展，2010-01.

[4] 胡传廉．上海“数字水务”规划与实践［J］．中国水利，2003（11）．

[5] 彭智欣，徐嘉祺．智慧水务的思考［J］．中国水运，2015，15（9）．

[6]“互联网+水务”颠覆水处理运营管理模式［EB/OL］．http：//www. h2o-china. com/news/224322. html，2015-04-24/2017-08-05.

[7] 曾焱，程益联．水利信息化技术标准及其体系研究［J］．水利信息化，2016（1）．

[8] 艾萍，唐燕，黄藏青．水利信息化标准建设的探讨［J］．水利信息化，2013（2）．

[9] 莫荣强，艾萍，吴礼福，等．一种支持大数据的水利数据中心基础框架［J］．水利信息化，2013（3）：16-20.

[10] 谭华，刘耘，桂文军．水利信息化标准体系建设初探［J］．人民长江，2002，33（12）：41-43.

[11] 莫渭浓．水利数据中心建设初探［J］．中国水利，2002（8）：57-58.

[12] 黄藏青．水利信息化标准探讨与思考［J］．水利信息化，2011（2）：56-57.

[13] 艾萍．水信息工程引论［M］．武汉：长江出版社，2010：130-138.

[14] 舒强，岳兆新，艾萍．水利数据中心技术标准与行政规章框架及其应用［J］．水利信息化，2014（4）．

[15] 水利部水资源司．省级水资源管理信息系统建设基本技术要求［S］．北京：水利部水资源司，2009：5.

[16] 王延鹏．新信息技术在智慧水务中的应用［J］．中国计算机报，2016（3）．

[17] 沈松土．智慧水务 开启水务管理新篇章［J］．通用机械，2016（6）．

[18] 赫晓慧，李紫薇，郭恒亮，等．郑州市智慧水务体系构建与关键技术研究［J］．水利信息化，2016（6）．

[19] 纪菁．智慧水务一体化平台软件设计［J］．水电厂自动化，2016，37（2）．

[20] 曾焱，王爱莉，黄藏青．全国水利信息化发展“十三五”规划关键问题的研究与思考［J］．水利信息化，2015.（21）．

[21] 冯梁峰．智慧水务建设内涵与核心特征分析［J］．科技经济导刊，2017（12）．

[22] 吴仲城，戈瑜，虞承端，方廷健．传感器的发展方向-网络化智能传感器［J］．电子技术应用，2001（2）．

[23] 刘亮平．基于以太网技术的网络智能传感器研究［J］．信息安全与技术，2011（8）．

[24] 丁强，王绍勤．水利信息化之水利自动化发展趋势探讨［J］．水利信息化，2013（63）．

[25] 于杰．“水联网”来了——IBM携手江河瑞通成立智慧水管理联合创新实验室［N］．计算机报，2015-06-024.

[26] 水务物联网［EB/OL］．https：//baike. baidu. com/item/%E6%B0%B4%E5%8A%A1%E7%89%A9%E8%81%94%E7%BD%91/2050004？fr=aladdin，百度百科/2017-08-11.

[27] 李晓梅，雷健，贾陆璐．水务物联网感知终端的研制［J］．物联网技术，2014（4）．

[28] 大数据［EB/OL］. https：//baike. baidu. com/item/%E6%B0%B4%E5%8A%A1%E7%89%A9%E8%81%94%E7%BD%91/2050004？fr=aladdin，百度百科/2017-08-12.

[29] 陈吉. 基于移动平台打造“智慧水务”的思考［J］. 信息技术与信息化，2015（4）.

[30] 智慧水务云平台［EB/OL］. http：//www. suntront. com/product/soft404. htm，2017-05-10/2017-08-13.

[31] 项目计划书 https：//baike. baidu. com/item/%E9%A1%B9%E7%9B%AE%E8%AE%A1%E5%88%92%E4%B9%A6/5006002？fr=aladdin，百度百科/2017-08-15.

[32] 埃睿迪：“环保+大数据”恰逢其时，大数据领跑环保水务大市场［EB/OL］. https：//www. xianjichina. com/special/detail_ 354039. html，2018-08-24/2018-08-31.

[33] 公司首批智慧水务 APP 上线操作培训［EB/OL］. http：//www. xtwater. com/gsdt/1827. htm，2017-12-20/2018-09-01.

[34] 2018 智慧水务展/2018 智慧水利展/智能水表展［EB/OL］. http：//info. china. herostart. com/142353. html，2018-05-21/2018-09-03.

[35] 水利部水资源司. 省级水资源管理信息系统建设基本技术要求［S］. 北京：水利部水资源司，2009：5.

[36] 水利信息中心，北京吉威数源信息技术有限公司. 第一次全国水利普查空间数据模型设计书［S］. 北京：水利信息中心，2012：12.

[37] 水利部长江水利委员会长江勘测规划设计研究院. SL252-2000 水利水电工程等级划分及洪水标准［S］. 北京：中国水利水电出版社，2000.

[38] 程益联，刘九夫. 水利普查对象和指标编码初探［J］. 水利信息化，2012（2）：22-24.

[39] 程益联. 水利数据中心数据与服务管理研究［J］. 水利信息化，2013-06.

[40] 廖楚江，杜清运. GIS 空间关系描述模型研究综述［J］. 测绘科学，2004，29（4）：79-82.

[41] 刘梅，闫健卓，于涌川. 北京“智慧水务”框架下的数据资源体系研究［J］. 水利信息化，2014-08.

[42] 中华人民共和国工业和信息化部. 国家电子政务“十二五”规划［R］. 北京：中华人民共和国工业和信息化部，2009.

[43] 水利部水利信息化工作领导小组办公室. 水利信息化顶层设计［R］. 北京：水利部水利信息化工作领导小组办公室，2009.

[44] 艾萍，吴礼福，陈子丹. 水利信息化顶层设计的基本思路与核心内容分析［J］. 水利信息化，2010（2）：9-12.

[45] 水利部水利信息化工作领导小组办公室. 水利信息化顶层设计初探及进展［J］. 中国水利，2009（8）：8-10.

[46] 北京市信息资源管理中心，北京数贝软件科技有限公司. 政务信息资源共享交换平台技术规范 第 3 部分：政务信息资源交换管理［S］. 北京：北京市质量技术监督局，2008.

[47] 冯钧，唐志贤，盛震宇，史涯晴. 水利数据中心数据交换平台设计探讨［J］. 水利信息化，2014（2）.

[48] 张琳. 水务数据中心建设研究［J］. 地理信息世界，2012（8）.

[49] 张欣. 水务数据库标准化体系研究［J］. 三峡环境与生态，2009（7）.

[50] 龚岳松，李静芳，吕文斌，等．上海水务数据中心建设规范的设计与研究［J］．水利信息化，2012（6）．

[51] 印梅，张效刚．水务信息化数据整合系统方案分析［J］．中国管理信息化，2008（9）．

[52] IDC. The 201 1 Digital Universe Study：Extractiong Value from Chaos［EB/OL］．［2013-05-10］. http：//www. emc. corn/collateral/analystreports/idc-·extracting-·value--from·-chaos—aLpdf.

[53] Executive Office of the President. Big Data Across theFederalGovernment［EB/OL］．［2013-05-10］. http：//www. whitehouse. gov/sites/default/files/microsites/ostp/big data fact sheet_final-1. pdf.

[54] 孟小峰，慈祥．大数据管理：概念、技术、与挑战［J］．计算机研究与发展，2013，50（1）：146-169.

[55] CCF 大数据专家委员会．大数据热点问题与2013年发展趋势分析［J］．中国计算机学会通讯，2012，8（6）：40-44.

[56] Google. Google 地 球［EB/OL］．［2013～05—10］. http：//www. google. corn/earth/index. html.

[57] Nature. Big data. . Science in thepetabyte era［J］. Nature，2008，455：1-136.

[58] 维基百科. Big Data［EB/OL］-［2013-05-10］. http：//en. wikipedia. org/wiki/Big_ data.

[59] 冯钧，韦冕，唐志贤，等．基于 Hadoop 的海量空间数据索引更新系统及方法：中国，201210255699. 7［P］. 2012-07-24.

[60] 朱跃龙，蔡阳，冯钧，等．一种面向多数据类型信息资源元数据的共享方法：中国，ZL201110211643. 7［P］. 2013-03-06.

[61] 冯钧，唐志贤，卞一路，等．一种基于语义的水利领域信息检索系统及方法：中国，201210253882. 3［P］. 2012-07-20.

[62] 冯钧，许潇，唐志贤，徐黎明．水利大数据及其资源化关键技术研究［J］．水利信息化，2013（8）．

[63] 张永民．解读智慧地球与智慧城市［J］．中国信息界，2010（10）：23-29.

[64] 崔婧．《智慧北京行动纲要》诞生记［J］．中国经济和信息化，2012（7）：75-79.

[65] 王防，万烁．北京水务信息化发展历程及展望［J］．北京水务，2011（4）：70-72.

[66] 张小娟．利用信息化手段推进水资源精细化管理［C］//北京市水文科学技术研讨会论文集．北京：中国水利水电出版社，2009：304-308.

[67] 北京市水务局．北京市智慧水务顶层设计［S］．北京：北京市水务局，2013.

[68] 张小娟，唐锚，刘梅，等．北京市智慧水务建设构想［J］．水利信息化，2014-10.

[69] 华信数据［EB/OL］. http：//www. huaxindata. com. cn/solution/water/5/1. html［EB/OL］，2015-07/2018-07.

[70] 冯晶．北京市水务局办公信息管理系统设计与应用研究［J］．南水北调与水利科技，2009-06.

[71] http：//www. gawater. gov. cn/zhengwu/gongwen/2012-08-02/826. html［EB/OL］，2012-08/2016-05.

[72] 管擎宇，王晓．污染源在线监测管理中对营运方的考评［J］．环境科学与管理，2013.

[73] 陈建江．污染源在线监测监控的出路在于第三方营运管理［J］．污染防治技术，2003.
[74] 魏英姿，李清胜，王伟．污染源在线监控系统第三方运营的探讨［J］．北方环境，2010.
[75] 马中雨，孙韶华，陈兴厅，等．城市供水水质在线监测系统运行管理探讨——以山东省城市供水水质在线监测系统为例［J］．城镇供水（增刊），2014.
[76] 梁民．水务普查空间数据自动采集经验与总结［J］．水务普查信息化，2013（5）.
[77] 赵茜．适应水务体制改革要求探索水利统计方法创新［J］．水利统计与水利发展，2007（9）.
[78] 李秀明．大连市智慧水务平台建设总体构思［J］．安徽农业科学，2014（12）.
[79] 张元．当前水务信息化形势分析与发展思路探索［J］．产业与科技论坛，2014（9）.
[80] 邱艳霞，陈青．信息化建设在计划用水管理中的应用［J］．水利信息化，2013.
[81] 孙艳，王浩昌，赵冬泉，等．基于物联网的污水处理厂无人值守管理模式探讨［J］．中国给水排水，2015（11）.
[82] 水务信息化［EB/OL］. http：//baike. haosou. com/doc/7261913-7491241. html.［1-1-1 至［1-1-2］，2015-03.
[83] 余婧．浅析水利信息化建设存在的问题及其对策［J］．高新技术产业发展，2010（1）.
[84] 曾焱，王爱莉，黄藏青．全国水利信息化发展“十三五”规划关键问题的研究与思考［J］．水利信息化，2015（2）.
[85] 李树石．智慧水务建设方案探讨［J］．硅谷，2015（1）.
[86] 积成水务［EB/OL］. http：//www. zhihuishuiwu. com/html/pc/third/ptcpcsgpsythzhswSCA-DAxt. html，2014-02/2016-09.
[87] 胡传廉．基于“智慧水网”新技术架构顶层设计探研［J］．水利信息化，2013（8）.
[88] Warrior J. Jay Warrior Smart Sensor Networks of the Future Sensors Magazine［J］. 1997.
[89] 宋光明，葛运建．智能传感器网络研究与发展［J］．传感器技术学报，2003（6）.
[90] 14. Wayne W Manges；Glenn O Allgood；Stephen F Smith It' s Time for Sensors to Go Wireless，1999.
[91] 无线传感器网络［EB/OL］. http：//baike. haosou. com/doc/5567557-5782703. html，2015-08.
[92] 传感器市场反弹趋势明朗“五化”发展袭来［EB/OL］. http：//info. carec. hc360. com/2014/05/211423474373. shtml，2014-05/2016-02.
[93] 朱祥贤，孙岐蜂，杨永．无线传感器网络的体系结构与关键技术［J］．数字技术与应用，2009（11）.
[94] 申柏华，徐杜．网络化智能传感器中的以太网接口设计［J］．电子工程师，2005（6）.
[95] 孙韩林，张鹏仆，闫峥，等．一种基于云计算的无线传感网体系结构［J］．计算机应用研究，2013（12）.
[96] 智能传感器技术综述［EB/OL］. http：//www. chinabaike. com/t/30821/2014/1009/2890090. html，2016-04.
[97] 黄榆媛，刘学雯，雷凤仪．关于物联网技术的综述［J］．科技展望，2015（12）.
[98] 覃静．新时期计算机物联网的应用探析［J］．物联网，2014（9）.
[99] 危机中的“云”变革，Are you Ready?［EB/OL］. http：//blog. e-works. net. cn/633087/ar-

ticles/445412. html, 2015-07.

[100] 周雪松，李斌，赵旺飞，等. 云计算融合无线城市运营策略研究 [J]. 广东通信青年论坛优秀论文集 [C]. 2011.

[101] 黎明辉. 云计算在无线城市中应用的可行性分析 [J]. 科技与生活，2011 (9).

[102] 高连周. 大数据时代基于物联网和云计算的智能物流发展模式研究 [J]，2014 (6).

[103] 顾星. 电信运营商物联网运营管理平台架构分析 [J]. 中国新通信，2012 (24)：20-21.

[104] 时雨露，常晓鹏. 基于云计算的健康医疗系统研究 [J]. 河南教育学院学报（自然科学版），2013 (10).

[105] 夏轶博. 云计算思路框架在医疗信息化建设中的实践方式刍议 [J]. 大家健康（中旬版），2014 (10).

[106] 成建国，钱峰，艾萍. 国家水利数据中心建设方案研究 [J]. 中国水利，2008 (19)：32-34.